少儿学编程

Scratch 3.0
少儿游戏 趣味编程

李强 李若瑜 著

人 民 邮 电 出 版 社

北 京

图书在版编目（ＣＩＰ）数据

Scratch 3.0少儿游戏趣味编程 / 李强，李若瑜著
. -- 北京 ：人民邮电出版社，2019.4
（少儿学编程）
ISBN 978-7-115-50844-7

Ⅰ．①S… Ⅱ．①李… ②李… Ⅲ．①程序设计—少儿
读物 Ⅳ．①TP311.1-49

中国版本图书馆CIP数据核字(2019)第029850号

内 容 提 要

　　本书通过讲解用 Scratch 3.0 编写 15 款有趣的小游戏和小程序的开发过程，由浅入深地向读者介绍 Scratch 3.0 编程的基本技术以及程序设计的基本思维和方法。

　　全书共 8 章和 1 个附录。第 1 章带领读者认识 Scratch 3.0，第 2 章介绍 Scratch 3.0 编程中用到的一些基本的概念。第 3 章和第 4 章分别介绍几个初级难度游戏的编写过程。第 5 章介绍 4 款中级难度游戏的编写过程。第 6 章、第 7 章和第 8 章分别介绍一款高级难度游戏的编写过程。附录给出了 Scratch 3.0 中常用的编程积木的列表和说明，可供读者在需要时查阅。

　　本书适合中小学信息技术课教师或培训老师、想要让孩子学习 Scratch 的家长阅读参考，也非常适合小学生或初中学生自学。

◆ 著　　　　　　李　强　李若瑜
　　责任编辑　　陈冀康
　　责任印制　　焦志炜

◆ 人民邮电出版社出版发行　　北京市丰台区成寿寺路 11 号
　　邮编　100164　　电子邮件　315@ptpress.com.cn
　　网址　http://www.ptpress.com.cn
　　北京七彩京通数码快印有限公司印刷

◆ 开本：720×960　1/16
　　印张：17　　　　　　　　　2019 年 4 月第 1 版
　　字数：252 千字　　　　　　2024 年 12 月北京第 35 次印刷

定价：79.90 元

前言 / Introduction

为什么要学习Scratch

Scratch是一款由美国麻省理工学院（MIT）设计开发的少儿编程工具。Scratch采用的是可视化、模块化的编程方式，用户只需要将预先设定好的积木组合到一起，就可以构成程序代码，完成特定的任务。Scratch集成了种类多样、功能完备的积木，并且还支持自制积木，对多媒体的图像、声音、视频等提供很好的支持。因此，Scratch非常适合青少年作为初次接触编程的工具和语言来学习，进而用其编写充满趣味的小程序和小游戏。

随着STEAM教育理念的提出，Scratch也受到越来越多的学校和教育机构的青睐，并成为一种逐渐流行起来的语言和工具。全国各地很多的中小学尝试在信息技术课中讲授Scratch编程内容，众多的校外培训机构也纷纷开设Scratch的编程兴趣课程和培训。孩子们通过玩游戏、编写游戏等方法来学习计算机编程的一些基本思维方式，玩得不亦乐乎。学习Scratch可以寓教于乐，让青少年快速培养出编程的兴趣，并且帮助他们训练基本的和必要的程序设计思维。

继Scratch 2.0取得巨大成功后，MIT在2019年1月发布了最新版本——Scratch 3.0。Scratch 3.0是一个经过完全重新设计和实现的版本。Scratch 3.0是使用HTML 5编写的，可以得到更加普遍的支持，并且不需要任何插件就可以运行。Scratch 3.0的用户界面焕然一新，交互感更好。

总之，Scratch 3.0功能更加完备，更适合新用户上手，也能够更好地适应多种设备，是幼儿和青少年初次学习编程的理想工具。

本书的结构

本书通过介绍如何用Scratch 3.0编写15款有趣的小游戏和小程序，向读者讲解Scratch 3.0编程的基本技术以及程序设计的基本思维和方法。全书共8章和1个附录。

第1章带领读者认识Scratch，了解如何注册和使用Scratch 3.0在线版，以及如何下载和安装Scratch离线版，熟悉Scratch 3.0项目编辑器，并编写了第一个"Hello World!"小程序。

第2章为了给后续各章的学习打下基础，介绍了Scratch编程中用到的一些基本的概念，以及在程序设计中通用的一些概念和技术。

第3章按部就班地介绍了4款初级难度游戏程序的编写，分别是"大家来找茬""迷宫探险""打地鼠"和"翻翻乐"。

第4章继续介绍另外4款初级难度游戏程序的编写，分别是"水底世界""弹球""电子相册"和"白色圣诞节"。

第5章介绍了4款中级难度游戏的编写过程，分别是"逃家小兔""石头剪刀布人机对战""贪吃蛇"和"双人五子棋"。

第6章介绍了较为高级的"全民飞机大战"游戏的编写。

第7章介绍了一款较为高级并且具有趣味性和代表性的游戏——"泡泡龙"的编写过程。

第8章介绍了高级的"植物大战僵尸"游戏的编写。

附录给出了Scratch 3.0中常用的编程积木的列表和说明，方便读者在需要时查阅。

本书的特色

在编写本书的过程，笔者注意坚持和体现以下几个特色。

- "做中学"的方法和理念。学习任何具有实践价值的知识和技能，最好的方式就是"做中学"，也就是通过实际操作和练习来熟悉和掌握必备的知识。本书精选了15个游戏案例，读者通过按部就班的实际操作，就可以掌握Scratch编程技能，并且编写出趣味盎然的游戏。

- 注重基础知识的介绍和铺垫。在初次学习程序设计时，很多初学者经常遇到的"拦路虎"，要么是大量的基础概念和术语，要么是对编程模块不熟悉。本书考虑到这两方面的问题，专门安排了一章介绍Scratch的基本概念和程序设计的一些基本概念，并在附录部分给出了Scratch 3.0中常用的积木的简介，为初学者扫清障碍。

- 游戏选取注意代表性和趣味性，区分不同的难度层次。本书选取的15款游戏，分为初级难度（8个）、中级难度（4个）和高级难度（3）个。一方面，这些游戏很有代表性（或者说是典型性），它们很可能是读者玩过或者非常熟悉的游戏（尤其是3个具有高级难度的游戏）。读者用Scratch 3.0编写出自己曾经玩过的游戏，将会获得很大的成就感，从而激发出强烈的学习兴趣。其次，这些游戏本身很有趣味性，读者可以根据不同的难度需求，跟着本书逐步编写实现，并且在试玩的过程中，可以不断调整参数或进行扩展，熟悉编程技术和发挥创意。

- 根据读者的意见，本书基于Scratch 3.0的版本，对游戏进行了更新和增加。根据读者对《Scratch 2.0少儿游戏趣味编程》给出的反馈，我们在游戏的选取上也做了精心的调整。用3款更具有趣味性和新颖性的小游戏做了替换，并且新增了一款较为高级并且具有一定趣味性和代表性的游戏——"泡泡龙"。

- 使用"小贴士"和特殊的板块，详细讲解游戏中用到的知识和技巧，强调一些需要读者注意的地方，或者是解释程序设计中的算法难点。

SCRATCH 3.0少儿游戏趣味编程

资源下载和观看配套视频

如果想要在线访问本书中的所有程序示例，可以从异步社区的本书页面下载离线代码和素材，并从在线版、Scratch Desktop 或 Scratch 2.0 离线版本，通过"文件"/"从电脑中上传"的方式导入程序。

在异步社区的本书页面中，点击"观看在线课程"按钮，回答和图书内容相关的问题，即可在下方"在线课程"栏中，观看本书配套视频。

本书的读者对象

本书语言轻松活泼，注意基础知识的介绍，也注重操作步骤的说明和示例，非常适合以下几类读者。

- 中小学信息技术课教师或培训老师，可以使用本书作为教材，教授 Scratch 3.0 游戏程序设计。

- 想要让孩子学习 Scratch 3.0 的家长，可以使用本书作为亲子读物，一边阅读，一边教孩子掌握 Scratch 3.0 编程。

- 小学生或初中学生，可以自行阅读本书，遇到有难度的地方，再进一步向家长或老师请教。

作者简介

李强，计算机书籍的作家和译者，已陆续有30余本书籍问世，多本书成为业内经典之作。他也曾是赛迪网校计算机领域的金牌讲师，从2002年开始了计算机的网络授课。近年来，在陪伴儿子的成长过程中，逐渐将重心转移到青少年计算机领域的教学中。他编著的《Scratch 2.0少儿游戏趣味编程》成为该领域畅销书，配套的教学视频得到了读者的喜爱。

李若瑜，四年级小学生，电玩狂热爱好者。他为书中的游戏贡献了很好的创意和素材。李若瑜同学还主动承担了测试工作，所有示例游戏都经过了他"苛刻"的试玩。他也是书稿的第一读者，对很多读不懂的地方提出了自己的疑问，帮助书稿不断地改进。

致谢

写这本书的初衷是因为我限制李若瑜同学玩游戏，他愤而想将自己投身到游戏创作中。我一时找不到适合他这个年龄的读物，从而萌生自己动手写一本Scratch游戏编程图书的念头。写一本书是一件很不容易的事情。从下定决心到素材收集，从搭建大纲到具体动笔，整个过程漫长而煎熬。感谢家人对我的支持，没有他们的帮助和鼓励，这本书难以完成。尤其感谢李若瑜小朋友在整个编写过程中的不断催促和鞭策，让我不得松懈。非常开心的是，在写作过程中，也确实实现了李若瑜同学从玩到学的转变。

感谢人民邮电出版社的陈冀康编辑，本书是在他的一再推动和鼓励下完成的。

感谢本书的所有读者。选择这本书，意味着您对编者的支持和信任，您的支持和信任也令编者如履薄冰，唯有更加认真。由于编者水平和能力有限，书中一定存在很多不足之处，还望您在阅读过程中不吝指出，并通过reejohn@sohu.com联系作者。

作者

目 录 / Contents

第 1 章
初识 Scratch

  Scratch 由麻省理工学院的媒体实验室终身幼儿园团队设计并制作，是专门为青少年研制的一种可视化编程语言。编写 Scratch 代码，实际上就是将多个积木（也叫作功能块或模块）组合在一起，实现想要达成的目标。

  Scratch 这种简单、可视化的编程方式，使得编程过程中融入了更多的趣味性和创造性，因而很容易受到少儿和青少年的喜爱，进而激发他们编写程序的欲望。在美国，随着 STEAM❶ 教育理念的提出，Scratch 也受到越来越多的学校和教育机构的青睐，他们纷纷开设 Scratch 课程。在中国，北京、上海、南京等地的一些中小学和校外培训机构，也纷纷开展 Scratch 的编程兴趣课程和培训。孩子们通过玩游戏、编程、编写游戏等方法来学习计算机编程的一些基本思维方式。这促使 Scratch 成为一种逐渐流行起来的语言和工具。

---

 ❶ STEAM 是科学（Science）、技术（Technology）、工程（Engineering）、艺术（Art）和数学（Mathematics）的缩写。STEAM 是一种重实践的超学科教育理念，强调任何事情的成功都不仅仅依靠某一种能力，而是需要综合应用多种能力。STEAM 理念旨在培养人的综合才能。

1.1 Scratch 3.0新功能简介

Scratch 3.0是继Scratch 2.0取得巨大成功后，MIT发布的最新版本。它是一个经过完全重新设计和实现的版本。

Scratch 3.0是使用HTML 5编写的，这和基于Adobe Flash技术的Scratch 2.0有很大的不同，得到更加普遍的支持，并且不需要任何的插件就可以运行。

通过细致的对比，我们发现Scratch 3.0的更新有如下几个核心原则，一是功能更加完备，二是让新用户更容易上手，三是更好地适应多种设备，尤其是移动设备（平板电脑和手机）。下面，我们就从几个方面来介绍一下Scratch 3.0的一些变化和更新吧！

1.1.1 新版本的运行环境和功能支持

前面已经提到了，Scratch 3.0是基于HTML 5技术重新编写的，这是Scratch 3.0和之前的版本的一个显著的区别。之前的Scratch 2.0是基于Adobe Flash技术，要运行离线版本，离不开Adobe AIR的支持，需要下载和安装Adobe AIR。由于HTML 5是当今大多数浏览器所支持的实际的标准技术，实际上，Scratch 3.0能够在任何现代浏览器上更好地运行。

Scratch 3.0能够支持Chrome、Microsoft Edge、Firefox和Safari等浏览器的桌面版，还支持Chrome和Safari的移动版。建议使用IE浏览器的用户先将浏览器升级为Microsoft Edge，再使用Scratch 3.0。

Scratch 3.0能够在桌面计算机、笔记本电脑和平板电脑上工作（要求操作系统为iOS 11或Android 6以上的版本）。在平板电脑上，暂时还不能使用"按下X键"积木以及右键菜单功能。在手机上，可以运行Scratch 3.0程序，可以查看Scratch 3.0项目，但是不能够创建和编辑项目。

Scratch 3.0使用了WebGL技术将项目呈现到舞台上。WebGL（Web Graphics Library）是一种3D绘图标准技术，得到了几乎所有现代浏览器的支持，它可以为 HTML 5 Canvas 提供硬件 3D 加速渲染，这样 Web 开发人员就可以借助系统显卡在浏览器里更流畅地展示 3D 场景和模型了，还能创建复杂的视觉效果。可是，有一些较旧的计算机和操作系统可能不支持 WebGL。对于那些无法运行 WebGL 的用户，建议仍然使用 Scratch 2.0 离线编辑器。

1.1.2　升级到 Scratch 3.0

Scratch 2.0 的用户最关心的一个问题是，自己以前的项目、收藏、社区功能、工作室等内容素材，如何能够迁移到 Scratch 3.0 环境中呢？好消息是，不必为此而担心。当 Scratch 3.0 正式发布的时候，已有的社区功能，包括用户的项目、档案、工作室和评论等，都将自动地迁移到新的 Scratch 3.0 网站。

那么，在 Scratch 3.0 发布之后，人们是否还能够继续使用 Scratch 2.0 呢？实际上，Scratch 1.4 和 Scratch 2.0 的离线编辑器将继续可供使用，因此，Scratch 2.0 离线编辑器未来还将在相当长的一段时间里和 Scratch 3.0 并行存在。我们用 Scratch 2.0 离线编辑器创建的项目，将会上传到在线社区中。

此外，Scratch 3.0 的网站还将提供最新的离线编辑器 Scratch Desktop 的下载和安装，而该离线编辑器将使用全新的 Scratch 3.0 功能界面。

1.1.3　Scratch 3.0 界面上的显著变化

熟悉 Scratch 2.0 的用户已经感受到了，Scratch 3.0 的界面经过了重新调整，变化还是非常显著的。正如前面所提到，Scratch 3.0 在界面上做出的改变的原则，是为了让新用户更加容易上手。概括起来，Scratch 3.0 界面上有以下几个方面的变化。

项目编辑器布局更加直观

舞台区放到了右边，而项目编辑工作区放到了左边。这样布局的目的是为了更加直观。设计者发现之前的 Scratch 2.0 的很多新手在第一次使用的时候，不知道应该把积木放到哪里，因此 Scratch 3.0 的编辑器采用了一种更加直观、自然的布局方式，从左到右依次是：积木区、工作区、舞台和角色区。

这样一来，初次接触 Scratch 3.0 的用户，能够更快地熟悉项目编辑器的用法。实际上，Scratch 最初的 1.0 版本，采用的就是这种布局。

此外，在 Scratch 3.0 中，编辑器中有一个主要的标签页的名称也变了——从"脚本"变成了"代码"。其实代码和脚本的概念和含义是相似的，但是标签页的名称改为"代码"后，用户能够更快地知道这个标签页的主要功能是什么。细心的用户还会发现，每个标签页的名称前面有一个小小的图形化的图标，真是起到了一目了然的作用。

在 Scratch 3.0 中，随着舞台区调整到右边，角色和背景工作区也相应地从左下方调整到了右下方。

积木块变大

当前用户使用的设备越来越多样化，包括桌面计算机、笔记本电脑、移动设备等，Scratch 3.0 需要适应各种广泛的设备。为了能够在平板电脑上工作得更好，Scratch 3.0 的积木块变得更大了一些，这样，用户更容易对积木块进行拖拽。我们注意到新用户通常比较难以点击和拖拽较小的界面元素，而更大的积木块有助于解决这一问题。

积木块的调整和扩充

Scratch 3.0 不仅对积木的外观进行了调整，对积木的组织也进行了调整，还扩充了一些积木类型，使得积木的数目更多，功能更加完备。

音乐、画笔、视频侦测都作为单独的一组积木，放到了扩展积木之中，需要使用这些积木的时候，用户要点击"代码"标签页左下角的"添加扩展"图标，来添加它们。此外，在点击"添加扩展"打开"选择一个扩展"窗口后，你会发现这里还有"文本朗读""翻译"两类积木，这是 Scratch 3.0 中新增的两类积木。

之所以要把音乐、画笔、视频侦测等积木放到"添加扩展"中，是因为设计者发现新用户往往会觉得这些积木的功能比较复杂，如果还是放在原来的积木分类中，会继续增加新用户学习和使用 Scratch 的难度；而放到"添加扩展"之中，一旦用户熟悉了这些积木的功能，在需要使用的时候，他们总是可以很方便地添加它们。

绘图编辑器更加灵活

在Scratch 3.0中，绘图编辑器的工作区变得更小了一些，这主要是为了更好地适应各种设备和浏览器窗口，让绘图编辑器的工作区能够灵活调整大小。绘图编辑器的工作区保留了放大和缩小按钮，并且当放大到一定程度的时候，工作区会出现左右滚动条和上下滚动条。

声音编辑器的修改

在Scratch 3.0中，声音编辑器做出了一些细微的调整，使得编辑声音更加直观而有趣。目前，Scratch 2.0声音编辑器中的一些常用功能还处于缺失状态，比如，修改一段声音的选定的部分；但是这些功能在后续将会逐渐补齐。

1.2 Scratch网站

既然了解了Scratch是什么，那么接下来，我们就一起到Scratch的官方网站看一下。第一次打开网站后的页面如下所示。

可以看到，在非常醒目的位置，宣布了发布新版Scratch的消息。在页面

下方，列出了一些"精选项目"，这些都是 Scratch 用户开发和提交的项目。

Scratch 3.0 页面的资源变得更加丰富了。在页面顶端有一行菜单。如果点击"创建"，则会打开 Scratch 3.0 的在线编辑器，我们就可以开始创作自己的项目、进行编程等等。注意，点击页面中部的"开始创作"按钮，也会起到同样的作用。如果点击页面顶部的"发现"，则会开始浏览 Scratch 3.0 网站上保存的项目。点击"创意"则会打开 Scratch 网站所提供的一系列视频教程，可以帮助初学者快速了解和掌握 Scratch。点击"关于"，会打开关于 Scratch 软件的介绍，有分别针对家长和教师等不同人群的说明。点击右方的"加入 Scratch 社区"，这可以创建账号或者使用已有的账号登录到 Scratch 社区。最右方的"登录"按钮，用来直接通过已有的用户账号登录网站。

我们先通过"创建"菜单或者页面上的"开始创作"按钮，进入 Scratch 3.0 编辑器吧。编辑器的正中央，是一个简短的 52 秒的视频教程，说明了用 Scratch 能够做什么，简单介绍了如何使用它。Scratch 3.0 设计者的这种开场白，就是为了让初学者有一种亲切感。

你可以点击播放按钮 ▶，观看这个视频。看完这个视频，可以点击右边的 → 按钮，继续观看下一个相关的视频，或者点击上面的"关闭"按钮，关闭视频，直接开始动手尝试。

注意编辑器左上方的菜单项中，有一个  按钮，点击其右边的小三角，可以打开一个语言菜单项，从中可以选择编辑器界面所采用的语言。一共有近50种语言可供选择，可见Scratch 3.0在全世界有多么流行！当你第一次访问Scratch 3.0在线版的时候，记住，首先通过这个语言菜单选择"简体中文"。

1.3　Scratch的环境搭建

1.3.1　创建Scratch用户账号

Scratch支持在线和离线两种编程方式。在在线方式下，你不需要单独安装软件，直接进入Scratch的官方网站，输入用户名和密码登录后，即可使用。但是，要使用在线方式，我们需要注册一个登录账户。点击首页右上角的"加入Scratch社区"的按钮。注意，也可以先点击"创建"按钮，打开Scratch 3.0编辑器，然后点击编辑器右上角的"加入Scratch"按钮进行注册。

将会弹出一个"加入 Scratch"的界面。在"选一个 Scratch 用户名称"文本框中输入想要注册的用户名，在"选一个密码"文本框中输入想要设置的密码，在"确认密码"文本框中再次输入完全相同的密码。

需要注意的是，如果你想要注册的用户名已被别人注册过，那么界面上会提示"很抱歉，这个名称已经被使用"。这种情况下，你需要换一个用户名来注册，你可以尝试在想要注册的用户名后增加数字或字母。另外，还需要注意的是，用户名称不能是中文的，只能包含英文字母、数字、符号、-和_。

点击"下一步"按钮，选择"出生年和月""性别"和"国家"，然后点击"下一步"按钮。

接下来需要在"您的监护人的信箱"的文本框中输入你自己或家长的邮箱的地址，并且在"确认信箱地址"的文本框中再次输入同样的邮箱。如果愿意接受来自 Scratch 团队的更新通知，勾选下方的复选框。

好了，我们已经成功创建了账户。

点击下方的"好了，让我们开始吧！"按钮，就可以用该账户登录Scratch了。

为了更好地获取资源和共享我们的编程成果，本书主要以在线的方式来介绍Scratch编程。为了方便不能随时上网的读者，下面我们来介绍一下离线版的安装方式。

1.3.2 Scratch的离线安装

Scratch也支持离线编程方式，也就是在没有连接Internet的时候，同样可以使用Scratch来编写程序。不过要使用离线方式，需要先下载和安装相应的软件后才可以使用。

打开Scratch的官网，在页面底端的"支持"类别中选择"离线编辑器"。

Scratch离线编辑器支持Windows 10和MacOS。我们将以Windows为例，介绍安装步骤，先在"选择操作系统"处点击选中Windows图标。

Scratch 3.0的一个重要的修改是不再基于Adobe Flash技术，因此，离线版也不再像以前的版本一样，先要下载Adobe AIR。在这个页面的下方，有两张图说明了下载安装的步骤，可以看到，下载和安装过程变得非常简单！

直接点击"下载"按钮，就可以开始下载，在下载后得到的文件是Scratch Desktop Setup 1.2.0。只需要双击该文件，就可以开始安装Scratch 3.0离线版。

安装完之后，桌面上会出现一个图标。只要点击该图标，就可以打开Scratch 3.0离线版编辑器，如下图所示。注意，Scratch 3.0离线版改变了名称，叫作"Scratch Desktop"（Scratch桌面版），它使用的是全新的Scratch 3.0的功能界面。

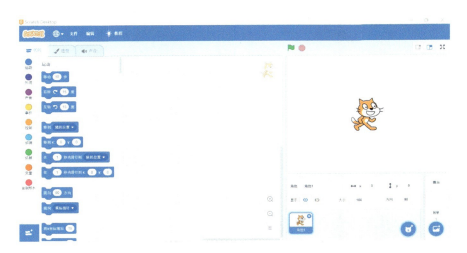

现在，我们完成了离线版本的安装，即使没有连上互联网，同样也可以编写Scratch程序了。

1.4 项目编辑器介绍

不管是在线使用还是离线使用Scratch，项目编辑器都是我们必不可少的工作平台和操作界面。让我们先来认识和熟悉一下它吧！

使用刚刚注册的账户登录Scratch网站。点击页面左上方的"创建"按钮，如下图所示。

系统会自动创建一个新的项目。Scratch 3.0的项目编辑器分为5个区域，分别是菜单栏、操控区、代码区、舞台区和角色列表区，如下图所示。

顶部是菜单栏，包括语言、文件、编辑、教程、加入Scratch和登录等菜单和功能选项。最左边的一列是操控区（也就是项目编辑区），由3个标签页组成，分别用来为角色添加代码、造型和声音，也可以设置和操作舞台背景；对代码、角色、背景、声音等的主要操控都是在这里完成的。中间比较大的空白区域，是代码区（也叫作脚本区），可以用来针对背景、角色编写积木代码，操控区的9个大类、100多个积木都可以拖放到代码区进行编程。右上方为舞台区，这里呈现程序的执行效果。右下方是角色列表区，这里会列出所用到的角色缩略图以及舞台背景缩略图。

 　　如果你看到代码、脚本、造型等术语，感觉有点发懵，先不要着急，我们很快会在第2章对这些术语和概念一一进行介绍。随着学习本书后面游戏开发的内容，你会越来越熟悉它们，甚至能够应用自如。

1.4.1　舞台区

　　界面右上方是舞台区，该区域会显示程序执行的结果。左上方的绿色旗帜按钮 是程序启动按钮，点击它开始执行程序；左上方红色按钮 是停止按钮，点击它可以停止程序运行。在区域的右上角是全屏按钮 ，点击它，舞台会扩展为全屏模式。在全屏模式下，舞台区的右上角会出现 按钮，点击它可以退出全屏模式。

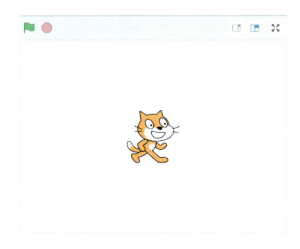

在编辑器默认的布局中，舞台区占有较大的面积。点击舞台区的右上方的 按钮，可以使用缩略布局样式，改变舞台区和角色列表区的布局，从而使得代码区占据更大的操作空间，以便于编程，如下图所示。

在缩略布局样式下，点击舞台区右上方的 按钮，编辑器将返回默认的布局样式。用户可以根据自己的具体需求，通过这两个按钮，对编辑器的布局进行调整。

1.4.2　角色列表区

界面右下方是角色列表区，包含舞台背景和角色两部分内容，有默认布局和缩略布局两种布局样式。左下方是角色列表区，显示了程序中的不同的角色；右边是舞台背景列表区，显示了程序中使用的舞台背景的信息。最上方是信息区，当选中角色或者舞台背景的时候，该区域会显示所选中的角色或背景的名称、坐标、显示或隐藏属性、大小、方向等信息。

默认布局　　　　　　　　　　　　　　缩略布局

这个区域有两个非常醒目的动态弹出式按钮，分别是角色按钮 和背景按钮 。

直接单击角色按钮 ，可以从角色库中选择需要的角色。如果只是把鼠标光标放在该按钮上，则会弹出4个新的菜单式的角色按钮，分别代表4种不同的新增角色的方式，如下表所示。

按钮	功能
⬆	单击该按钮，可以将素材从本地作为角色导入到项目中
✳	单击该按钮，将会随机导入一个角色。当你创意枯竭的时候，不妨通过点击这个按钮获得一点启发
✏	单击该按钮，将会在操控区的"造型"标签页下，打开内置的绘图编辑器，自行绘制角色造型
🔍	单击该按钮，和直接单击 按钮的效果是相同的，即从背景库中选择需要的角色

15

直接单击背景按钮 ，可以从背景库中选择需要的背景。如果只是把鼠标光标放在该按钮上，则会弹出4个新的菜单式的背景按钮，分别代表4种不同的新增背景的方式，如下表所示。

按钮	功能
	单击该按钮，可以将素材从本地作为背景导入到项目中
	单击该按钮，将会随机导入一个背景。当你创意枯竭的时候，不妨通过点击这个按钮获得一点启发
	单击该按钮，将会在操控区的"背景"标签页下，打开内置的绘图编辑器，自行绘制背景
	单击该按钮，和直接单击 按钮的效果是相同的，即从背景库中选择想要使用的背景

小贴士　要熟悉项目编辑器的各个区域和按钮，最好的办法就是动手尝试一下。在开始正式编写程序之前，不妨自己动手拖一拖、点一点、按一按……

1.4.3　操控区

编辑器的最左边的区域是操控区（也叫作指令区或项目编辑区），如右图所示。操控区的"代码"标签页中，提供了"运动""外观""声音""事件""控制""侦测""运算""变量"和"自制积木"9个大类、100多个积木供我们使用。这些不同类型的积木用不同的颜色表示。我们可以把这些积木拖放到脚本区，组合成各种形式，从而完成想要实现的程序。

小贴士

限于篇幅，我们不会详细介绍这些积木。本书附录部分给出了积木的列表和说明，读者可以在需要的时候自行查阅。另外，本书将重点关注趣味游戏的制作。随着阅读游戏制作的部分，读者将会认识和使用各种积木。

在"代码"标签页中，我们可以将操控区中的积木拖放到脚本区，为角色指定要执行的动作。

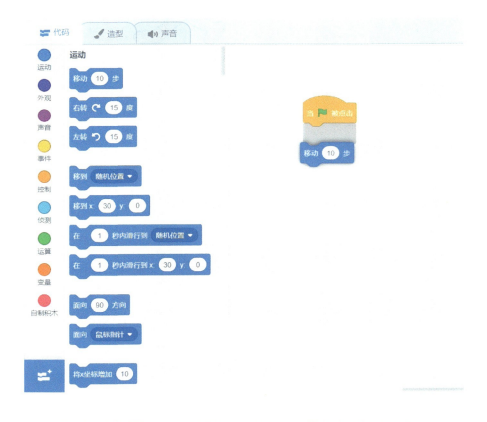

在"造型"标签页中，我们可以定义该角色用到的所有造型。

在"声音"标签页中，我们可以采用声音库中的声音文件、录制新的声音或导入已有声音，来为角色添加声音效果。

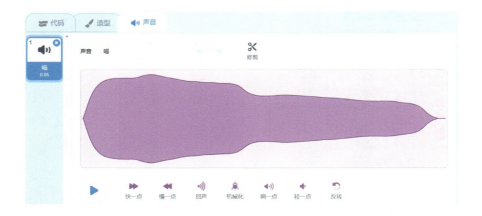

1.4.4　代码区

编辑器的中间部分是代码区，我们就是在这里对积木进行各种组合，使用和操控角色的造型、舞台背景以及声音等。

代码区的右上角，显示出了当前角色的缩略图，这可以让用户明确当前是在对哪个角色编程。代码区的右下角竖排的3个按钮，分别可以放大代码视图、缩小代码视图和居中对齐代码。注意，当代码较多，超出了代码区的范围的时候，可以拖动下方和右方的滚动条来查看更广泛的工作区域内的代码。用户在代码区工作的时候，可以根据自己的需要，灵活布局和滚动查看代码。

在代码区的任意空白区域点击鼠标右键，会弹出一个菜单，可以对积木进行"撤销""重做""整理积木""添加注释""删除积木"等一系列操作。

1.5　第一个小程序

为了让读者对 Scratch 3.0 编程有一个更加直观的感受，我们先来编写一个小程序。这个程序非常简单，就是在舞台上创建两个单词"Hello World!"，让它们产生动画效果，并且伴随声音播放。

1.5.1 绘图编辑器

首先我们来认识一下 Scratch 3.0 内置的绘图编辑器。

点击 Scratch 3.0 项目编辑器左上角的"造型"标签页，就会打开绘图编辑器，在这里可以手工绘制新的角色。

上图中，右边就是 Scratch 3.0 的内置绘图编辑器，它提供了绘制和修改图像以用作角色和背景的所有功能。绘图编辑器有两种运行模式：位图模式和矢量图模式。默认情况下，绘图编辑器处于矢量图模式，我们可以单击左下方的转换按钮在这两种模式之间切换。

矢量图与分辨率无关，可以将它缩放到任意大小和以任意分辨率在输出设备上打印出来，并且不会影响清晰度。

位图编辑器如下图所示。位图与分辨率有关，即在一定面积的图像上包含有固定数量的像素。因此，如果在屏幕上以较大的倍数放大显示图像，或以过低的分辨率打印，位图图像就会出现锯齿边缘。

1.5.2　Hello World小程序

在这个程序中，我们要用矢量图来充当两个角色，它们分别是单词"Hello"和"World！"。这个程序不需要默认的小猫角色，所以在角色列表中的小猫的缩略图上点击鼠标右键，从弹出的菜单中选择"删除"，或者直接点击小猫角色缩略图右上角的"⊗"，将小猫角色删除。

接下来，把鼠标指针移动到角色区的圆形小猫头图标  上，从弹出的 4个图标选项中选择"绘制"图标，将会打开绘图编辑器并添加一个新的角色及造型。

点击绘图编辑器左下角的"转换成矢量图"按钮。然后使用文本工具 T，输入单词"Hello"作为第1个角色。

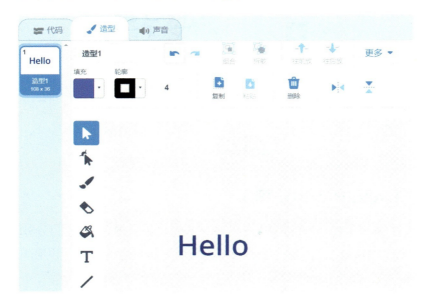

然后为单词"Hello"加上颜色特效，当单词被按下时，改变它的颜色。选中第1个角色，然后在积木列表中点击"事件"分类，并把 当角色被点击 积木拖动到脚本区。

接下来，把"外观"分类中的积木 将 颜色 特效增加 25 拖动到 当角色被点击 的下方。

注意，拖放的时候，这两个积木会自动"组合"到一起。现在让我们点击一下舞台上的 Hello，看看颜色变化。

接下来，我们为第1个角色添加1个声音。点击"声音"标签页，然后点击左下角的圆形声音图标 ，从弹出的4个选项中，点击"选择一个声音"选项。这将打开声音库，从中选择名为"hey"的声音文件即可。

然后点击"代码"标签页，拖动 播放声音 hey ▼ 积木，放到脚本区已有积木的下方。现在，点击绿色旗帜按钮，"Hello"的颜色会改变并且会发出打招呼的声音。

我们来给这个小程序添加一个背景，点击右下角的背景圆形按钮 ，打开背景样本库，从中选择想要的背景。

然后，继续用手绘的方式，添加第2个角色"World！"。

我们要让第2个角色能够随着音乐旋转起来，先拖动 当角色被点击 积木到脚本区。然后，按照添加"hey"声音一样的方法添加"hip hop"声音，把 播放声音 hip hop ▼ 拖动到 当角色被点击 积木下。

为了能够让第2个角色旋转起来，我们让它重复执行10次，每次向右旋转15度并等待1秒。这就需要增加"控制"分类中的 重复执行 10 次 积木，然后在其中增加"运动"分类中的 右转 C 15 度 积木和"控制"分类中的 等待 1 秒 积木，完成后的代码如下图所示。

好了，第一个简单的小程序就编写完了。

游戏效果如下图所示。

可以尝试使用不同的数字调整旋转效果，如果要复原第2个角色的角度，可以给它添加"运动"类别下的 面向 90 方向 积木。就这么简单！

1.5.3　文件操作

编写完程序，如何保存自己的项目呢？这就要用到项目编辑器的菜单栏了。

如果你没有用前面创建的用户名登录到Scratch网站的话，点击菜单栏上的"文件"菜单，从中选择"保存到电脑"，当前工作的项目就会默认以"Scratch项目.sb3"为名保存下。扩展名.sb3表示这是Scratch 3.0版本的文件。不过，我们建议你找到这个文件，给它重新起一个更有意义的项目文件名，便于日后的管理。

如果你用自己注册过的用户名登录到Scratch网站，文件操作会更加简单。在"文件"菜单下，直接选择"立即保存"，项目就会自动保存到项目中心。点击你的用户名菜单下的"我的东西"，或者直接点击菜单栏上的 查看项目 按钮，就可以看到刚刚保存的副本。

"文件"菜单下的"从电脑中上传"，可以把刚刚保存到本地的项目导入Scratch 3.0项目编辑器中。

点击"编辑"菜单下的"打开加速模式"，项目将进入"加速模式"，并且在程序运行按钮旁边出现一个 加速模式 提示图标。在这个模式下运行程序，速度会明显加快。再次点击"编辑"菜单，选择"关闭加速模式"，就可以恢复到正常模式。

菜单栏上还有一个 教程 ，点击之后就可以打开各种类型的短视频教程。初次接触Scratch 3.0的用户，可以通过这些视频教程，充分了解

Scratch 3.0的功能和使用技巧。

　　通过本章的学习，你已经初步体会到Scratch编程的乐趣了吧！在第2章中，我们来简单了解一下Scratch编程要用到的一些概念以及一些程序设计的基础知识，然后就可以朝着开发趣味游戏的目标进发了。

第 2 章
Scratch 编程准备

在第1章中，我们已经认识了什么是Scratch，了解了如何在Scratch 3.0网站注册账户以使用在线方式编程，还学习了如何下载和安装Scratch 3.0离线版。我们还熟悉了Scratch 3.0项目编辑器的界面，并且编写了第一个简单的Hello World!小程序。

通过第1章的学习，我们对Scratch有了一些初步的认识，但是要开始用Scratch编程，还需要做一些准备。在本章中，我们来介绍一下Scratch的一些基本概念，以及程序设计的一些基础知识。具备了这些知识，我们就可以开始动手用Scratch编写程序了。

2.1 Scratch基本概念

读完本书的第1章，你一定对一些新鲜的术语和名词应接不暇了。什么是"角色"？什么又是"造型"？那只可爱的"小猫"是干什么用的？本节将一一解开你的这些疑惑。别着急，我们一个一个来介绍吧！

2.1.1 角色

相信你一定看过电影或者电视剧，里面总是有很多的角色。在Scratch 3.0中，角色（Sprite）就好比电影或电视剧里的演员所扮演的角色。我们所编写的程序，总是要通过角色来做出动作，发出声音，或者完成一项任务。这就好像再好的剧本也要由演员来表演一样。

Scratch 3.0中有一个默认的角色，就是一只可爱的"小猫"。我们当然可让这只小猫做很多的事情，例如，移动，发出"喵喵"的声音，执行动画，等等。

但是，很多时候，在我们编写的程序中，都需要加入自己的角色来做特定的事情，这时候就要忍痛割爱，删除"小猫"这个角色了。

小贴士　　要把默认的"小猫"角色删除掉，只要选中"小猫"角色，点击右键，在菜单中选择"删除"。或者，也可以直接点击小猫角色缩略图右上角的"❌"。

在本书后面，我们经常要用到这个操作。当你看到"把默认的'小猫'"角色删除"这句话时，就应该知道怎么做了。

我们还可以根据需要，对角色进行各种操作，包括添加角色、绘制角色，

等等，这些都可以通过角色列表区的"角色"动态按钮来实现，请参考1.3.2
节"角色列表区"。

克隆

克隆的英文是Clone，意思是完全复制一样的东西。在游戏编程中，我们
经常需要用到相同角色的多个不同的副本，这些副本都表现出相同的行为。
例如，要表现下雨，天空中会落下无数个相同的雨点；要制作小猫钓鱼的游
戏，会有多只小鱼以相似的方式游来游去，并且在碰到鱼钩的时候被钓起。
在本书第4章介绍"白色圣诞节"游戏的时候，会初次用到"克隆"的概念。
第6章介绍的"飞机大战"游戏中，还要通过克隆来创建多个蝗虫。它们的
外形和行为是相似的，它们共同组成蝗虫特战队。

克隆是一项重要的功能。我们可以通过克隆为任
何角色生成一个完全相同的副本，从而大大地简化程
序开发过程。

在"控制"类的积木中，如下的3个积木用来创
建、删除和启动克隆体。这3个积木的简要说明，可
以参见本书附录。其具体用法可以参见本书后面游戏
案例中相关章节的介绍。

2.1.2　造型

电影中的同一个角色经常会以不同的装扮和形象出现，并且在某一个特
定的场合或者条件下，往往还保持同一种装扮和形象。造型
（Costume）就是角色的装扮和形象。一个角色可以有多个造
型，在不同的条件下，角色可以切换为不同的造型，由此表现
出角色的动作、动画或者状态变化等。

例如，下图所示是我们将要在3.3节中介绍的"打地鼠"游
戏中的"锤子"角色，它就有两个造型，一个是"普通"造型，
表示一般的状态；另一个是"攻击"造型，表示打向地鼠的状

态。通过脚本，我们让锤子角色在两个造型之间切换，从而实现锤子打地鼠的动作和动画。

我们从上图可以看到，在每个造型左上角有一个数字，这是造型的编号，"锤子"的普通造型的编号是1，攻击造型的编号是2。可以利用这个编号来判断当前的造型是什么，我们在第6.4节中会利用造型编号来判断角色的造型是不是"飞机"。

2.1.3 背景

电影中的人物角色出现的时候，往往会有不同的场景。在Scratch中，背景就像是电影中场景。当角色在舞台上出现的时候，背景是衬托在最底层的图像式场景。我们可以给舞台分配一个或多个背景，从而在应用程序的执行过程中改变舞台的外观。

例如，下图就是我们在3.3节中介绍的"打地鼠"游戏中使用的背景。

默认情况下，所有的Scratch 3.0应用程序都会分配到一个空白的背景。可以点击位于编辑器右下方的"舞台"工作区的"背景"动态图标，从弹出的4个图标中选取，来添加一个新的背景，详细介绍请参阅1.3.2节"角色列表区"。

先在右下方选中"舞台"缩略图区，再点击位于Scratch 3.0项目编辑器左上方的"背景"标签页，我们就可以为Scratch 3.0项目添加、编辑和删除背景。

2.1.4 声音

在游戏中，常常需要通过背景音乐来烘托一种氛围，或者通过某种音效来表达一种游戏状态，在Scratch中，这些都需要通过声音来实现。在阅读本书后面的章节的时候，你会发现，很多游戏程序都使用了大量的声音效果，以表现游戏中不同的事件和状态，或者对玩家起到某种提示的作用。

在3.2节的"迷宫探险"游戏中，当小企鹅从迷宫中找到所有钥匙的时候，我们通过播放clapping声音来表示它的欢呼声。

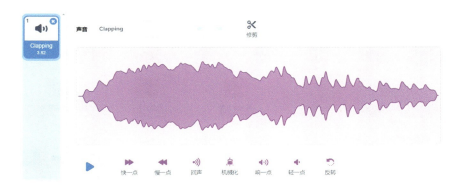

掌握声音的用法，并且灵活地运用，才有可能编写出生动的、吸引人的Scratch程序。在Scratch 3.0中，我们可以通过项目编辑器左上方的"声音"标签页来添加声音、录制声音或者上传本地声音。

2.1.5 积木

你一定玩过乐高积木吧！很多小小的积木块，搭建在一起，组成各种各样的人物、场景和工具等。Scratch采用了同样的思路，用一个个的积木（block）组合成程序脚本（script，即代码）。

Scratch 3.0提供了10个大类、100多个积木供我们使用。不同的积木类别以不同的颜色来显示，非常便于识别和区分。这些积木可以实现运动、控制、运算，表示外观、声音，进行侦测、绘图，操作数据等等。总之，程序的功能就是通过这些积木组合实现的，而使用Scratch 3.0编程，实际上就是按照一定的程序逻辑把各种类别的积木组合成一段一段的代码。

如果Scratch 3.0提供的现成的积木还不够用，你还可以根据自己的需要自制积木，以完成特定的任务。在Scratch 3.0中，在"代码"标签页下，选择最下方的"自制积木"分类，点击"制作新的积木"按钮，将会弹出一个"制作新的积木"窗口，在其中的"积木名称"框中输入新建的积木的名称即可。这里，我们创建一个名为"我的积木"的自制积木作为例子。

给新建的积木命名之后，它就会出现在"制作新的积木"按钮的下方，同时在代码区域出现了一个名为"定义×××"的积木。在该积木的下方，我们可以编写一段代码，来定义新建的积木所要实现的功能或完成的任务。定义好这个新积木之后，以后编写代码的时候，我们就可以像使用其他已有的积木一样，直接使用它了。

2.1.6　脚本

脚本（Script）是通过搭建积木而组成的集合。不同类型的积木组合，构成了控制角色的运行的编程逻辑，也就是脚本。在Scratch 3.0中，用"代码"来取代了"脚本"，从项目编辑器左上方的"代码"标签页就可以看出这一点。其实二者概念上的差别不大。在本书中，或者在和其他的Scratch用户沟通交流的时候，你在看到"脚本"这个词时，将其理解为一段代码就好了。

通过项目编辑器顶部中央的"代码"标签，我们可以访问9大类别的积木，并且我们将在编辑器中间的代码区中组合这些积木来构成代码，如下图所示。

2.1.7　坐标

在Scratch 3.0中，舞台具有480个单位的宽度和360个单位的高度。我们可以使用X坐标和Y坐标组成的一个坐标系统，将舞台映射为一个逻辑网格。X轴的坐标从240到−240，而Y轴的坐标从180到−180。舞台的中央的坐标位置是（0，0），如下图所示。

坐标的概念非常重要，在实际的编程中，当需要放置角色和移动角色的时候，我们经常需要计算坐标位置。在Scratch 3.0项目编辑器的右下方的角色列表区域，会显示出当前角色的坐标位置。

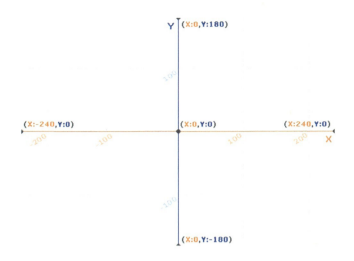

2.1.8 碰撞

碰撞也是游戏中一个很重要的概念。游戏中的一些特定情况的发生，都是通过侦测角色和角色之间是否发生碰撞来确定的。例如，"迷宫探险"游戏中，我们通过钥匙角色是否碰到了小企鹅来判断它是否找到了一个钥匙；"打地鼠"游戏中，我们通过地鼠是否碰到了锤子来判断玩家是否打中了地鼠。

在Scratch 3.0中，判断碰撞的积木块属于"侦测"类积木块。此外，使用"侦测"类的积木块，还可以判断空格键是否按下、鼠标是否按下，等等。

2.1.9 如何让程序开始执行

编写完一个程序后，如何开始运行它呢？每一个程序，都应该有一个执行的入口，也就是程序开始执行的地方。

Scratch 3.0程序的执行入口就是脚本中的 [当 ▐ 被点击] 这个积木。当我们编写好程序，要运行并测试的时候，只需要点击项目编辑器右上方的 ▐ 按钮，程序就会从上述的这个积木开始执行。在程序执行过程中，任何时候，点击项

目编辑器右上方的 ● 按钮时，程序就会停止执行并退出。我们还可以点击标题栏项目编辑器右上角的 ⋙ 按钮，以全屏模式来执行程序；并且还可以在全屏模式下点击右上角的 ⋙ 按钮，来退出全屏模式，恢复正常的显示模式。

2.2　程序设计的基本概念

在2.1节中，我们了解了Scratch 3.0中的一些基本概念。在本节中，我们来学习程序设计中的一些基本概念。这些概念不仅在Scratch 3.0中有用，在其他的程序设计语言中，我们也会碰到类似的概念和用法。因此，花点时间来学习这些知识，对于我们将来掌握其他的编程语言，也是很有帮助的。

2.2.1　变量

变量就像一个用来装东西的盒子，我们可以把要存储的东西放在这个盒子里面，再给这个盒子起一个名字。那么，当需要用到盒子里的东西时，只要说出这个盒子的名字，就可以找到其中的东西了。我们还可以把盒子里的东西取出来，把其他的东西放进去。

就像下图所示的盒子，我们将这个盒子（变量）命名为a，在其中放入数字3。那么，以后就可以用a来引用这个变量，它的值就是3。当我们把3从盒子中取出，放入另一个数字15的时候，如果此后再引用变量a，它的值就变成15了。

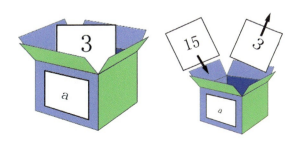

在Scratch 3.0中，我们可以在"代码"标签页中的"变量"类积木中，点击"建立一个变量"按钮来创建变量。

然后，就会弹出一个"新建变量"窗口，在这个窗口的"新变量名"中，需要给这个变量取一个名字，在变量下面，有两个单选按钮，可以选择该变量是"适用于所有角色"，还是"仅适用于当前的角色"。我们给这个变量取名"我的变量"，并且点击"创建"按钮。

这时候，在"代码"标签页中，会出现用来控制和使用变量"我的变量"的多个积木（如下图左边所示）。注意第一个积木，如果选中"我的变量"前面的复选框，在舞台区就会显示出该变量的一个监视器（如下图右边所示）。

　注意，在变量相关的一组积木中，变量名的那个积木左边有一个复选框。这个复选框可以用来控制变量是显示的还是隐藏的，也就是让变量的监视器显示在舞台区还是隐藏起来。在创建变量的时候，这个复选框默认是未选中的。你可以尝试选中或取消这个复选框，观察一下舞台区的变化。

2.2.2　列表

列表的概念和变量有点类似。列表是具有同一个名字的一组变量。如果把变量当作是可以装东西的盒子，那么可以把列表当作有一排抽屉的柜子，柜子的每一个抽屉都相当于一个变量。

创建列表的步骤和创建变量也是相似的——在"代码"标签页中的"变量"类积木中，点击"建立一个列表"按钮，将会弹出"新建列表"窗口。同样的，在"新建列表"窗口给列表取一个名字，并且选择它的适用范围。这里，我们还是输入"我的列表"作为列表名，然后点击"确定"按钮。这时候，在"代码"标签页的积木区域，会出现和"我的列表"对应的12个新增的积木块，通过它们可以对该列表进行一系列的操作和编程，包括显示列表监视器，向列表中添加项、从中删除项、替换项、获取列表的项及其编号等等。

注意第一个积木块，如果选中了"我的列表"前面的复选框，将会在舞台区显示出该列表的一个监视器。下图左边所示是我们创建的名为"我的列表"的列表。没错吧，列表的监视器真的很像一个带有很多抽屉的柜子！点击列表监视器下方的"长度"前面的加号按钮，就可以给这个柜子添加"抽屉"（也就是列表项）。下图右边是手动添加了5个列表项之后的"我的列表"。注意，第5项的框中有一个小小的 × 按钮，点击它就可以删除第5项。

小贴士　在编程时，列表可以很方便地来表示一组相似的变量。例如，在3.4节中，编写"翻翻乐"游戏程序时，我们使用带有8个项目的一个列表来表示8张卡牌。

2.2.3　数学计算

数学计算是编程中经常要完成的基本任务。在Scratch 3.0中，"代码"标签页的"运算"类的积木，提供了非常丰富的数学计算功能，包括常用的加减乘除、生成随机数、比较逻辑等，从而使得数学计算非常简单。

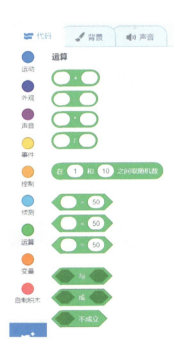

2.2.4　循环

在生活中，我们经常需要做一些简单而又重复的事情。比如，我们做数学题，就是重复读题、列式子、计算和验算的一个过程。计算机可比人类更擅长做重复的事情，因此，聪明的人类通过编程中的循环功能，把一些简单而重复的事情交给计算机来做。

在Scratch 3.0中，我们可以通过"控制"类积木中的"重复执行"积木来实现循环。Scratch 3.0中共有3种"重复执行"积木，如下图所示。

从左到右，3个积木的作用依次是重复执行一定的次数、无条件地重复执行和重复执行，直到满足某一条件。

2.2.5　条件

很多时候，我们需要判断一个条件是否成立，然后再根据判断的结果来确定要执行的操作。比如，放学回家后，先要看作业是否完成了，然后再决定做什么。如果作业没有完成，就要打开书包写作业，如果作业完成了，就可以去和小朋友玩了。这种情况下，我们就需要用到条件逻辑。

在Scratch 3.0中，我们可以通过"控制"类积木中带嵌入条件的积木来实现条件控制。条件在这些积木中是一个棕色的六边形，如下图所示。

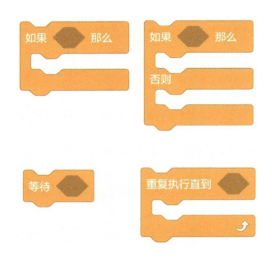

在Scratch 3.0中，共有4种带有条件逻辑的积木。我们依次来看看：

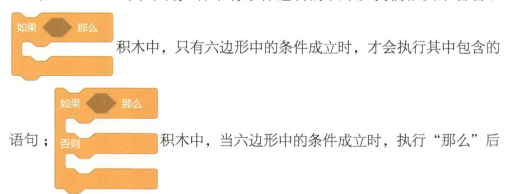

积木中，只有六边形中的条件成立时，才会执行其中包含的

语句；　　　　　　积木中，当六边形中的条件成立时，执行"那么"后

面的语句，当条件不成立时，执行"否则"后面的语句；而　积木在条件成立之前将一直等待，等条件成立后，再执行其后面的语句；最后

一个 重复执行直到 积木，我们在2.2.5节中见过，它是带有条件逻辑的循环，

当条件成立后，循环停止并且不再重复执行。

2.2.6　事件和消息

在生活中，我们经常遇到猝不及防的突发事件，这时候需要提前准备好
一定的补救措施。例如，我们在去上学的路上
发现忘记佩戴红领巾了，那就赶快返回家里去
取。又如，如果今天的值日生生病了，没来上
学，就让卫生委员担任当天的值日生。

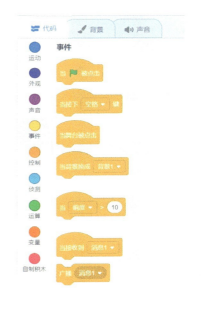

在编程中，也有一种类似的事件处理的功
能。事件处理是指根据预先定义的事件的出现
来启动脚本的执行，例如，当按下键盘按键、
按下绿色的旗帜按钮，或者接收到一条同步消
息等事件发生的时候，就需要执行一些相应的
程序。

在Scratch 3.0中，"事件"类积木专门用
来实现事件处理功能，如下图所示。

这里要强调一下消息触发的机制。消息就好像是学校临时发布的一条通
知。在Scratch程序中，我们经常通过传递和接收消息来协调应用程序的不同

部分的执行。 广播 消息1 和 当接收到 消息1 积木，可以很方便地做到这一点。

在本书后面编写的游戏程序中，消息也是经常使用的一种功能。

在本章中，我们简短地介绍了Scratch 3.0中的一些基本概念和编程方法，
以及程序设计中一些较为通用的基本概念，特别是展示了它们在Scratch 3.0
中是如何实现的。本章的内容为我们学习后面的编程和小游戏的开发打下了
一个很好的基础。

第3章
初级游戏编程之一

　　对程序设计初学者尤其是青少年来说，用Scratch 3.0编写趣味游戏是一种很好的学习方法。一方面，Scratch 3.0可视化的编程方式简单易学，可以比较方便、快速地实现程序逻辑；另一方面，Scratch 3.0的项目编辑器融合了角色、造型、背景、绘图、图像、声音、坐标、动画等多种功能，这使得Scratch 3.0非常适合用来编写妙趣横生的游戏。在阅读本书后面的各章的时候，相信你会非常深刻地体会到这一点。

　　本书从第3章到第8章，都将集中介绍一些既有趣味性又有典型性的游戏的开发，从而帮助读者掌握Scratch 3.0编程的技巧。在本章中，我们通过实际动手来开发4款比较简单的游戏——"大家来找茬""迷宫探险""打地鼠"和"翻翻乐"。

3.1　大家来找茬

"大家来找茬"这款游戏又叫"找不同"。在这个游戏中，玩家要从两张只有细微差异的图片中找出不同的地方。

这款游戏共有9个角色，1个角色是需要查找不同的两张图片，还有5个角色是两张图片中有差异的地方，另外3个角色表示开始界面、开始按钮和玩法介绍。

这个游戏的原理很简单。玩家要在左侧图片中，把和右侧图片不同的地方用具有两个造型的角色表示出来，如果玩家用鼠标点中了有差异的地方，相应的角色就会切换为带有红色画圈的造型，表示玩家查找正确。

我们先来看看这个游戏要用到的变量。

1. 变量

这个游戏只有1个变量，它负责记录找到了几个不同的计数器，这是个隐藏变量。

　　注意，"计数器"变量前面的复选框是没有选中的，表示这个变量是隐藏的，即该变量的监视器，不会在舞台上显示出来。

---

2. 角色和编程步骤

把默认的"小猫"角色删除，然后添加自己的角色。

第1个角色：开始界面

我们添加的第一个角色是"开始界面"，它有1个造型。

第1步

当点击绿色旗帜时，将角色移至最前面。这时候开始界面遮盖住了"开始按钮"，所以还得后移1层，才可以暴露出"开始按钮"角色。最后，显示"开始界面"角色。

第2步

当接收到"开始游戏"消息时，隐藏"开始界面"角色。需要注意的是，在点击"开始按钮"角色时，会广播消息"开始游戏"，我们稍后会看到这一点。

第2个角色："开始按钮"

这个角色的造型如下。

它也有两段脚本。

第1步

当点击绿色旗帜时，将角色移至最前面。显示角色。

第2步

当点击角色时，隐藏角色，并广播消息"开始游戏"。

第3个角色："玩法介绍"

这个角色的造型如下。

为了更容易理解如何玩游戏，我们还制作了一段录音，对玩法做出了说明。

其脚本如下所示。

当接收到"开始游戏"消息时，将角色移至最前面。然后显示角色和播放声音"录音1"，以便让玩家能够了解如何玩游戏。之后，隐藏角色。

第4个角色：用来找不同的图片

其造型如下所示。

从声音库中为该角色选择了一个声音"clapping"，当玩家选中所有不同之处时，播放该声音以表示祝贺玩家。

其脚本如下所示。

当接收到"开始游戏"消息时，该角色移动到舞台中央。后移图层50层，目的是让它在所有角色之下，以免覆盖其他角色，这样后面介绍的"不同1"

等角色才能显示在这张图片之前。将变量"计数器"设置为0。在这个变量＜5时，一直等待。当"计数器"等于5时，会播放声音"clapping"，并宣布找到所有不同的获胜消息。

 小贴士

等待 这个积木表示等待条件成立时，再执行下面的积木。

与之类似的是 重复执行直到 积木，它表示重复执行其中的积木，直到条件成立时，再执行其后面的积木。

第5个角色：不同1

它有两个造型，正常形态的造型叫作"1-a"，用红圈圈出来的形态的造型叫作"1-b"。

它有一个声音，是从声音库中选择的"boing"，当选中该角色后，会播放该声音。

第1步

当点击绿色旗帜时，将造型切换为"1-a"，也就是没有红圈的造型。

第2步

当点击角色时，将造型切换为"1-b"，也就是带有红圈的、表示选中了不同之处的造型。然后将变量"计数器"加1。播放声音"boing"，表示成功地找到了一处不同。

第6个角色：不同2

其造型如下。

它也有声音"boing"。

"不同2"角色的脚本和"不同1"角色的脚本基本一致，这里不再赘述，直接把脚本给出来。

第7个角色：不同3

其造型如下。

声音如下。

这个角色的脚本和"不同1"角色的脚本基本一致，这里不再赘述，直接把脚本给出来。

第8个角色：不同4

其造型如下。

声音如下。

这个角色的脚本和"不同1"角色的脚本基本一致，这里不再赘述，直接把脚本给出来。

第9个角色：不同5

其造型如下。

声音如下。

这个角色的脚本和"不同1"角色的脚本基本一致，这里不再赘述，直接把脚本给出来。

好了，这个游戏很简单，到这里就完成了。其中，最重要的核心内容，也就是对各个不同的角色的脚本编程，这也是所有Scratch 3.0游戏的一个特点。快来运行你的游戏，找找不同吧！

读者也可以自己动手，按照这个游戏程序的编写过程，尝试增加新的不同图片，邀请好朋友一起来玩。

3.2　迷宫探险

在"迷宫探险"游戏中，小企鹅要拿到4把藏在迷宫4个角落的钥匙，才能获得胜利。

1. 变量

在这个游戏中，我们定义了3个变量：

x：小企鹅的x坐标，这是个隐藏变量。

y：小企鹅的y坐标，这是个隐藏变量。

钥匙数量：表示找到了几把钥匙，这是个隐藏变量。

2. 背景

我们以迷宫地图作为背景，背景库中没有相应的图形，需要从本地来上传迷宫地图。

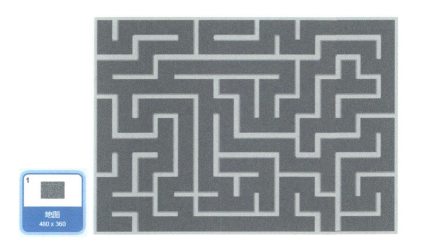

3. 角色

这个游戏中共有5个角色，分别是4把钥匙和一个企鹅。下面依次介绍。

第1个角色：企鹅

我们选择角色库中的企鹅作为游戏的"主角"。

为这个角色添加4个声音，分别是声音库中的"lo gliss tabla""fairydust"和"clapping"以及本地上传的"移动"的声音。当企鹅移动时播放"移动"声音，当企鹅撞墙时播放"lo gliss tabla"声音，当企鹅捡到钥匙时播放"fairydust"声音，当集齐4把钥匙时播放"clapping"声音。

这个角色有3段脚本。

第1步

当点击绿色旗帜时，通过方向键来移动角色。

首先，游戏一开始，将企鹅角色放置到迷宫中央。设置角

色的大小，并将其移到最前面。作为初始化的一个步骤，还要将"钥匙数量"变量设置为0。

后续的代码放入到一个循环中，将重复执行。将角色的x坐标保存到变量x中，将角色的y坐标保存到变量y中。如果按下左移键，将x坐标增加-5，表示向左移动，然后播放声音"移动"，直到播放完毕。如果按下右移键，将x坐标增加5，表示向右移动，同时播放"移动"声音。如果按下上移键，将y坐标增加5，表示向上移动，同时播放"移动"声音。如果按下下移键，将y坐标增加-5，表示向下移动，同时播放"移动"声音。如果碰到迷宫墙壁的颜色，角色将回到移动前的位置，表示碰到墙壁了，无法移动，同时播放"lo gliss tabla"声音，表示撞墙的声音。

小贴士

请注意，企鹅移动时，播放声音用的积木是 播放声音 移动 等待播完 ，而不是 播放声音 移动 。这是因为，玩家可能会一直按住方向键，如果使用 播放声音 移动 积木，那么第1个声音没有结束播放，第2个声音又开始播放，就变成了噪音。而使用 播放声音 移动 等待播完 积木，会等这个声音播放完后，才继续执行后边的脚本，就不会有噪音。另外，如果你觉得企鹅走得太慢，也可以从脚本中拿掉 播放声音 移动 等待播完 积木，那么企鹅马上就可以奔跑起来。

第2步

当点击绿色旗帜后，首先判断条件  是否成立。如果条件成立，就表示企鹅已经找到了全部4把钥匙；如果条件不成立，表示还没有找到全部钥匙，一直等待。如果条件成立，会停止角色的其他脚本。然后把企鹅移动到屏幕中央，将它逐渐放大，播放声音"clapping"，并宣布玩家已经找到了全部钥匙，表示玩家获胜。

第3步

当接收到"找到钥匙"消息时，播放声音"fairydust"。

第2个角色：钥匙1

这个角色只有如下一个造型，我们将其放置到屏幕的左下角。

这个角色只有一段脚本。当点击绿色旗帜时，显示角色。在碰到"企鹅"角色之前会一直等待。当碰到"企鹅"角色时，会广播消息"找到钥匙"，然后将变量"钥匙数量"增加1。隐藏"钥匙1"角色，表示企鹅拿到了钥匙。

第3 ~ 5个角色：钥匙2 ~ 钥匙4

我们复制3个钥匙1，将它们分别改名为"钥匙2""钥匙3"和"钥匙4"，然后将这3个新的角色分别放在右下角、右上角和左上角。这3把钥匙的造型和脚本也都与角色"钥匙1"一样，这里就不再赘述。

小贴士

复制角色，选中目标角色的缩略图，点击鼠标右键，在出现的菜单中选择"复制"。

这样就会生成一个从造型到脚本都完全一样的角色，只是角色名称最后的数字有所不同。

这样，"迷宫探险"这个游戏就完成了。大家可以试着玩一玩，也可以自行添加更多钥匙和新的地图，甚至可以设置不同的关卡，从而增加这个游戏的趣味和难度。

3.3 打地鼠

"打地鼠"是一款比较经典的游戏。在游戏中，玩家通过操控锤子击打从地洞里冒出来的地鼠来得分。在本节中，我们用Scratch 3.0来编写它。

1. 变量

我们定义了两个变量。

剩余时间：游戏还剩下多少时间，这个变量会显示在屏幕上。

得分：已经得到的分数，这个变量会显示在屏幕上。

2. 背景

我们选择从本地上传的图片作为背景。

这个背景只有一段脚本，就是当接收到"游戏开始"消息后，设置变量初始值，并开始游戏倒计时。将变量"得分"设置为0，随着玩家打中了地鼠，"得分"会增加。将变量"剩余时间"设置为30，表示一局游戏的时间为30秒。然后执行一个循环30次，在循环体中，每次等待1秒后，将变量"剩余时间"减1。当"剩余时间"为零后，广播"游戏结束"消息，并停止全部脚本。

3. 角色

先删除默认的"小猫"角色删除。

这个游戏中的角色比较多，共有13个，分别是9只地鼠、1把锤子，以及表示开始和结束的3个角色。

第1个角色：开始界面

我们选择从本地上传的图像作为开始界面。

这个角色有两段脚本。

第1步

当点击绿色旗帜时，显示角色。

第2步

当接收到"游戏开始"消息时，隐藏角色。

第2个角色：开始按钮

其造型如下所示。

这个角色也有两段脚本。

第1步

当点击绿色旗帜时，移动角色位置，将角色移至最前面，并显示角色。

第2步

当点击角色时，隐藏角色，并广播"游戏开始"消息。

第3个角色：锤子

"锤子"角色有两个造型，分别表示"普通"造型和"攻击"造型。

这个角色有两段脚本。

第1步

当接收到"游戏开始"消息时，显示角色，并将造型切换为"普通"造型。让锤子跟随鼠标移动。如果侦测到按下鼠标，将造型切换为"攻击"造型，表示要打地鼠。随后等待0.2

秒，再将造型切换到"普通"造型。

第2步

当接收到消息"游戏结束"时，隐藏角色。

第4个角色：结束信息

这是游戏结束后要显示的信息，造型如下。

它有两段脚本。

第1步

当点击绿色旗帜时，隐藏角色。

第2步

当接收到"游戏结束"消息时，将角色移至最前面显示。

第5个角色：地鼠

对于地鼠角色，我们选择角色库中的"Squirrel"文件。

我们从声音库中选择"water

drop"声音，表示锤子砸中地鼠时发出的声音。

这个角色有两段脚本。

第1步

当点击绿色旗帜时，将角色移动到第一个洞里，隐藏角色。

以下内容会重复进行。随机等待一段时间后，显示角色，表示地鼠钻出洞来。之后随机等待一段时间，隐藏角色，表示地鼠又躲回到洞中。

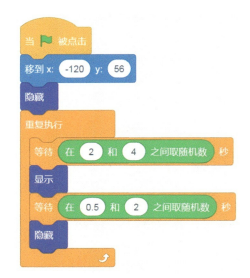

随机就是指从指定的范围内任意挑选其中一个数值。"随机数"积木在"运算"类积木中。例如，我们程序中用到的 [在 2 和 4 之间取随机数]，在2到4之间随机选择一个数字，可能是2，也可能是3或4。

第2步

当点击绿色旗帜后，就开始侦测该角色是否碰到了锤子，并且锤子的造型名称是否是"攻击"。如果这两个条件都满足，就播放声音，隐藏角色，并且将变量"得分"加1，表示打中了地鼠。

这里用到了碰撞侦测功能。我们在2.1.8节中提到过碰撞。碰撞是指，如果角色正在触碰指定的角色、边缘或鼠标，那么会报告碰撞条件成立。在"侦测"类的积木中，有3种积木帮助实现碰撞侦测，它们分别可以检查角色是否碰到了鼠标指针、边缘，是否碰到了某种颜色，两种颜色块是否碰撞到一起。

第6到13个角色：地鼠2到地鼠9

因为"地鼠2"到"地鼠9"的造型和声音与"地鼠1"是一样的，脚本也基本一样，只不过每个角色放置的位置和随机等待的时间不同。大家可以通过复制"地鼠1"的角色，对脚本稍作修改就可以完成，这里就不再赘述了。

好了，这个游戏就完成了。快尝试运行一下，一起来打地鼠吧！

3.4 翻翻乐

"翻翻乐"是一款考验记忆的小游戏。游戏中玩家只要找出两张相同图片就能将其消除，消除所有图片就算胜利。

1. 变量和列表

我们定义了4个变量。

已翻卡牌编号：这个变量表示第一次翻起来的卡牌编号，它是隐藏变量。

第几次翻牌：这个变量表示第1次还是第2次翻卡牌，它是隐藏变量。

猜对次数：这个变量表示猜对了几次。如果猜对4次，表示这一局游戏结束，它是隐藏变量。

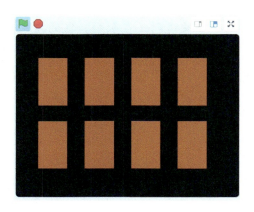

行数：这个变量用于创建列表，它是隐藏变量。

还定义了两个列表。

临时列表：这个列表用于生成"卡牌1"到"卡牌8"的顺序列表。

卡牌列表：这个列表用于将卡牌顺序随机打乱，这样在每一局游戏中，卡牌的排列顺序都是不一样的。

2. 背景

我们用黑色幕布作为舞台背景。

这个背景有一段脚本。当接收到"开始游戏"消息时，删除"临时列表"的全部项目。然后将变量"行数"设置为1。重复执行8次。每次都将"卡牌"和变量"行数"两个字符串连接在一起形成一个新的字符串，然后把这个字符串添加到"临时列表"中，再将变量"行数"增加1。通过循环，我们将字符串"卡牌1"到"卡牌8"顺序插入到"临时列表"中。

接下来删除"卡牌列表"中全部的项目。然后进入循环，直到"临时变量"的项目数为0才会跳出循环。在循环体中，首先从1到"临时变量"的项目数之间取一个随机数，并将其赋值给变量"行数"。然后将"临时列表"的第"行数"项的值加入到"卡牌列表"中，并且将"临时列表"的

"行数"项删除。通过这3条语句，可以从"临时列表"中随机选择一条记录，将其插入到"卡牌列表"中，然后从"临时列表"中删除这条记录。经过8次重复，"临时列表"中的数据都迁移到了"卡牌列表"中，只是顺序被打乱了。

之后广播"排列卡牌"消息。然后初始化变量，将变量"已翻卡牌编号"设置为空，将变量"第几次翻牌"设置为1，将变量"猜对次数"设置为0。

3. 角色

删除默认的"小猫"角色。

这个游戏中共有9个角色，分别是8张卡牌和开始按钮，下面来依次介绍。

第1个角色：开始

这个角色是游戏的开始按钮，也是用来提示没有选中的提示框。它的造型如下所示。前两个造型是按钮，最后一个造型是提示信息。

为这个角色增加了2个声音，分别表示没选中所对应的声音"没选中"和全部选中后的声音"成功"。它们是从本地上传的声音。

这个角色有4段脚本。

第1步

当点击绿色旗帜时，将造型切换为"开始"按钮，显示角色。

第2步

当点击角色时，如果造型是"开始"按钮或"再来一局"按钮，广播

"开始游戏"消息，隐藏角色。

 小贴士　　　"外观"分类中的"造型编号"积木表示角色的当前造型的编号。在这个程序中，"开始"角色有3个造型，我们可以看到"开始"造型的编号是1，"再来一局"造型的编号是2，"没选中"造型的编号是3，如下图所示。

我们可以使用"造型编号"作为判断条件 造型 编号 ▼ = 1 或 造型 编号 ▼ = 2 。"造型编号"等于1，表示当前造型是"开始"按钮；"造型编号"等于2，表示当前造型是"再来一局"按钮。

第3步

当接收到"开始游戏"消息，在条件 猜对次数 = 4 成立前一直等待。我们有8张图片，两两匹配，那么最多会匹配成功4次，所以当变量"猜对次数"等于4的时候，就表示所有图片都已经成功地配对了。当条件成立后，会播放"成功"的声音。之后，将变量"猜对次数"重新设为0，造型切换为"再来一局"按钮，然后显示角色。

第4步

当接收到"错误"消息时，播放"没选中"的声音，并且将造型切换为"没选中"，显示角色1秒后，隐藏信息。

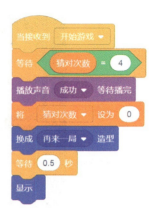

 如何确定卡牌的放置位置

卡牌1和卡牌2是1对，卡牌3和卡牌4是1对，卡牌5和卡牌6是1对，卡牌7和卡牌8是1对。如果是顺序排放，卡牌1到卡牌4在第1行的1至4列，卡牌5到卡牌8在第2行的1至4列。

为了让游戏好玩，我们会让卡牌随机排列。例如，让卡牌1到了第2行的第4列，而卡牌2到了第1行的第4列；卡牌3到了第2行的第2列，而卡牌4到了第1行的第3列；卡牌5到了第1行的第2列，卡牌6到了第2行的第1列；卡牌7到了第1行的第1列，卡牌8到了第2行的第3列。如下图所示。

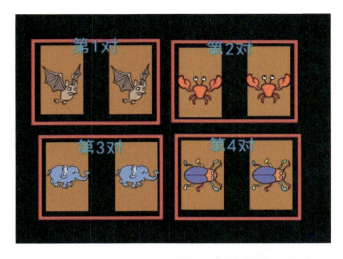

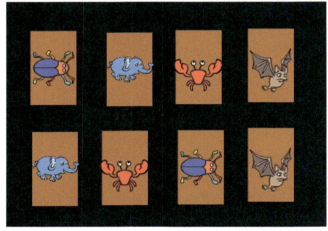

第1行卡牌的y坐标是70，第2行卡牌的y坐标是-70。

第1列卡牌的x坐标是–160（–260+100），第2列卡牌的x坐标是–60（–260+200），第3列卡牌的x坐标是40（–260+300），第4列卡牌的x坐标是140（–260+400）。

第2个角色：卡牌1

该角色有两个造型，"反面"造型是扣着的，"正面"造型是翻开的。

我们从声音库中选择"ya"作为配对成功的声音。

这个角色有3段脚本，具体内容如下所示。

第1步

当接收到"排列卡牌"消息时，设置"卡牌1"角色的坐标。

首先要显示角色。然后将造型切换为"反面"，也就是扣着的状态。将变量"计数器"设置为1，该变量会在下面的循环中用到。

然后，我们会进入一个循环，因为"卡牌列表"中有8个项目，所以循环次数是8，以便遍历该列表中全部的8个项目。如果变量"计数器"最初是1，那么条件

就是比较"卡牌列表"的第1项的内容是否等于字符串"卡牌1"。如果不满足条件，也就是"卡牌列表"的第1项内容不等于字符串"卡牌1"，就会将变量"计数器"加1。然后进入第2轮的循环，比较"卡牌列表"的第2项的内容是否等于字符串"卡牌1"。只要这个条件不成立，循环就会一直重复，直至找到"卡牌列表"中内容等于字符串"卡牌1"的那一项。这一项的序位数，就是变量"计数器"的值。

然后我们设置该角色的位置，参照前文中所介绍的"如何确定卡牌的放置位置"，我们需要知道该角色在第几行和第几列。通过判断变量"计数器"的值，来获取这些信息。如果"计数器"的值小于5，表示在第1行，那么它的y坐标为70；否则，表示该角色应该放在第2行，那么它的y坐标为-70。因为x坐标可能是-160、-60、40和140，用变量"计数器"表示的话，如果"计数器"的值小于5，那么x坐标对应的就是 `-260 + 100 * 计数器` ，否则x坐标对应的就是 `-260 + 100 * 计数器 4` 。

设置好该角色的位置后，会停止当前脚本，不再继续比较"卡牌列表"中的其他项目。

第2步

当点击角色时，比较卡牌。

如果变量"第几次翻牌"等于2并且变量"已翻卡牌编号"等于字符串"卡牌1"，表示是第2次翻牌而且翻的是同一张牌，那么就没有必要进行比较，所以直接停止"当前脚本"，不再执行下面的内容。

否则，将卡牌造型切换为"正面"造型，也就是翻开状态。在等待0.5秒后，再将造型切换回"反面"造型，也就是切换到扣着的状态。这么做的目的是让玩家能够看到卡牌的内容。

接下来，如果满足条件 `第几次翻牌 = 1` ，则将变量"已翻卡牌编号"设置为字符串"卡牌1"，将变量"第几次翻牌"设置为2。

否则，要判断 `已翻卡牌编号 = 卡牌2` ，如果条件成立，表示配对成功，广播"第1对正确"消息，并将变量"猜对次数"加1；如果条件不成立，表示没有配对成功，则广播"错误"消息，并将变量"第几次翻牌"重新设置为1。

第3步

当接收到"第1对正确"消息时，播放声音"ya"，并将角色切换为翻开状态0.5秒，表示配对成功。然后隐藏角色。

第3个角色：卡牌2

这个角色的脚本和卡牌1基本一致，这里着重把有差异的地方介绍一下。

第1步

设置卡牌2的摆放位置。要注意是，这里比较的是字符串"卡牌2"。设置为字符串"卡牌2"。做卡牌对比的时候，这里要将变量"已翻卡牌编号"和字符串"卡牌1"比较。

第2步

点击角色，比较卡牌。注意，第1次翻牌，要将变量"已翻卡牌编号"

第3步

当接收到"第1对正确"消息时，将角色切换为翻开状态0.5秒，表示配对成功，隐藏角色。

当接收到 第1对正确 ▼

换成 正面 ▼ 造型

等待 0.5 秒

隐藏

第2步

当角色被点击

如果 第几次翻牌 = 2 与 已翻卡牌编号 = 卡牌3 那么

停止 这个脚本 ▼

换成 反面 ▼ 造型

如果 第几次翻牌 = 1 那么

将 已翻卡牌编号 ▼ 设为 卡牌3

将 第几次翻牌 ▼ 设为 2

否则

如果 已翻卡牌编号 = 卡牌4 那么

广播 第2对正确 ▼

将 猜对次数 ▼ 增加 1

否则

广播 错误 ▼

将 第几次翻牌 ▼ 设为 1

第4个角色：卡牌3

增加声音"ya"。

卡牌3到卡牌8也基本和卡牌1与卡牌2的脚本一致，只是在摆放的位置、比对卡牌内容方面有所不同，这里不再赘述了，只是分别把脚本列出来。

第3步

当接收到 第2对正确 ▼

播放声音 ya ▼

换成 正面 ▼ 造型

等待 0.5 秒

隐藏

第5个角色：卡牌4

第1步

当接收到 排列卡牌 ▼

显示

换成 反面 ▼ 造型

将 计数器 ▼ 设为 1

重复执行 8 次

如果 卡牌3 = 卡牌列表 的第 计数器 项 那么

如果 计数器 < 5 那么

将x坐标设为 -260 + 100 * 计数器

将y坐标设为 70

否则

将x坐标设为 -260 + 100 * 计数器 - 4

将y坐标设为 -70

停止 这个脚本 ▼

将 计数器 ▼ 增加 1

第1步

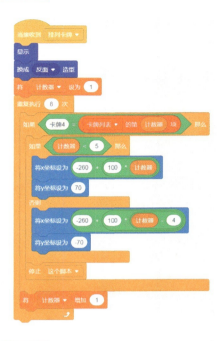

第3步

第6个角色：卡牌5

增加声音 "ya"。

第2步

第1步

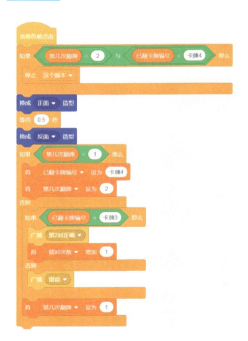

第2步

第1步

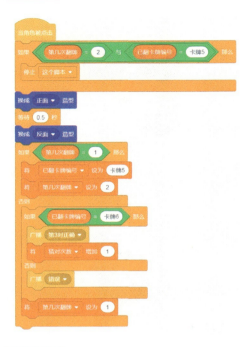

第3步

第2步

第7个角色：卡牌6

第3步

第8个角色：卡牌7

增加声音"ya"。

第2步

第1步

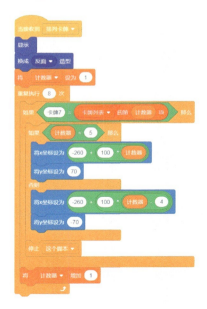

第3步

第9个角色：卡牌8

第1步

```
当接收到  排列卡牌 ▼
显示
换成  反面 ▼  造型
将  计数器 ▼  设为  1
重复执行  8  次
    如果  卡牌8  =  卡牌列表 ▼  的第  计数器  项  那么
        如果  计数器  <  5  那么
            将x坐标设为  -260  +  100  ·  计数器
            将y坐标设为  70
        否则
            将x坐标设为  -260  +  100  ·  计数器  4
            将y坐标设为  -70

        停止  这个脚本 ▼

    将  计数器 ▼  增加  1
```

第3步

到这里，"翻翻乐"这款游戏就编写完成了。您可以自己试着玩一玩，看看游戏效果。

第2步

```
当角色被点击
如果  第几次翻牌  =  2  与  已翻卡牌编号  =  卡牌8  那么
    停止  这个脚本 ▼

换成  正面 ▼  造型
等待  0.5  秒
换成  反面 ▼  造型
如果  第几次翻牌  =  1  那么
    将  已翻卡牌编号 ▼  设为  卡牌8
    将  第几次翻牌 ▼  设为  2
否则
    如果  已翻卡牌编号  =  卡牌7  那么
        广播  第4对正确 ▼
        将  猜对次数 ▼  增加  1
    否则
        广播  猜错 ▼

    将  第几次翻牌 ▼  设为  1
```

第 4 章
初级游戏编程之二

在本章中，我们介绍另外 4 个比较简单的小游戏的开发，它们是"水底世界""弹球""电子相册"和"白色圣诞节"。

4.1　水底世界

　　"水底世界"是一款很简单的游戏。我们使用方向键来移动章鱼，去追逐海星，而海星碰到章鱼后会迅速转身逃跑。另外水下还有两只小鱼在随意地游动。

1. 背景

　　我们选择背景库中的水下图像作为游戏的背景。

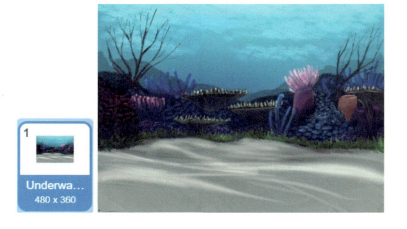

2. 角色

　　这个游戏一共有4个角色，分别是章鱼、海星、小鱼1和小鱼2。

我们来分别看一下各个角色及其脚本。

第1个角色：章鱼

这是Scratch 3.0中新增加的角色。它原本有5个造型，我们只保留两个要用到的造型，分别名为"octopus-a"和"octopus-b"。

我们通过方向键来控制这个角色的移动，一共有4段脚本，分别表示按下4个方向键。

第1步

当按下右移键时，会更换造型为octopus-b，将 x 坐标增加10，表示向右移动，并且等到0.1秒后，切换回原有造型octopus-a。

回原有造型octopus-a。

第2步

当按下左移键时，会更换造型为octopus-b，将 x 坐标增加 -10，表示向左移动，并且等到0.1秒后，切换

第3步

当按下上移键时，会更换造型为octopus-b，将 y 坐标增加10，表示向上移动，并且等到0.1秒后，切换回原有造型octopus-a。

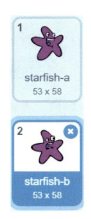

第4步

当按下下移键时，会更换造型为octopus-b，将y坐标增加–10，表示向下移动，并且等到0.1秒后，切换回原有造型octopus-a。

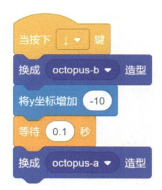

第2个角色：海星

这是角色库中的starfish角色，它有两个造型，一个是开心的造型（starfish-a），一个是受到惊吓的造型（starfish-b）。当海星游动的时候，选用开心造型，当它遇到章鱼，就切换为受到惊吓造型了。

它有两段脚本。

第1步

当点击绿色旗帜后，让海星面向90度方向也就是头朝右。然后就进入到重复执行的代码块中。让角色移动10步，等待0.1秒，如果碰到边缘就反弹。通过这段重复执行的代码，就可以让海星在水中不停地游动起来，而且当它碰到边缘后，会自动转身继续游动。

第2步

当点击绿色旗帜后，就进入到重复执行的代码块中。如果检测到海星碰到章鱼，首先会切换造型为starfish-b，表示海星受到惊吓。然后向左转180度，表示海星掉头向后。然后将x坐标增加"方向"积木，这里的"方向"积木表示海星的运行方向，如果向右表示90，如果向左表示-90，目的就是让海星能够迅速远离章鱼。然后在等待1秒后，切换回到原来的造型starfish-a，表示已经安全且警报解除。通过这段代码，我们就可以让海星碰到章鱼后迅速地逃走。

第3个角色：小鱼1

这是角色库中的fish角色，我们选择它的fish-d造型。

这个角色只有1段脚本。点击绿色旗帜后，重复执行下面的代码。让角色在4到8秒之间取一个随机数，表示时间范围，然后让它滑行到一个随机位置。通过这段代码，小鱼就可以在水面随意地游动。

小贴士　这个积木表示在指定的时间内，让角色滑行到某一个位置。

第4个角色：小鱼2

这个角色和小鱼1类似，选择的是fish-b造型。

脚本也类似，这里不再赘述。

这个游戏很简单，到这里就全部完成了。你可以试着用方向键操控章鱼开始水下的追逐。为了让这个游戏更好玩，你也可以在游戏中加入更多的海洋动物哟！

4.2　弹球

从Windows 95到Windows XP，Windows系统中都自带有Pinball（弹珠台）小游戏，曾经受到很多朋友的喜爱。今天我们用Scratch 3.0编写一个类似的小游戏，通过操控两个手柄式挡板，让弹球不要落到红色的陷阱中，而当弹球碰到绿色的手臂时，玩家还可以得分。

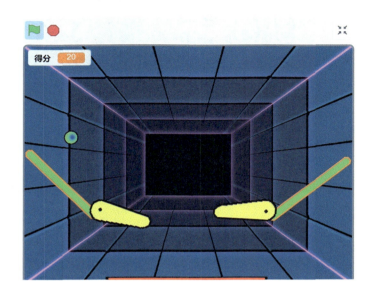

1. 变量

得分：每次击中手臂得10分，会累积增加得分，将该变量的监视器设置为在舞台上显示。

弹球是否在移动：判断弹球是否在移动状态中，这是个隐藏变量。

是否碰到球：判断手臂和手柄是否碰到球，这是个隐藏变量。

速度：弹球移动速度，每次手柄触碰弹球，会增加速度，这是个隐藏变量。

触碰方向：表示手臂或手柄触碰弹球的方向，这是个隐藏变量。

方向差：弹球方向和触碰方向之间的差，用于调整弹球的反弹路线，这是个隐藏变量。

2. 背景

我们选择背景库中的"neon tunnel"作为背景。

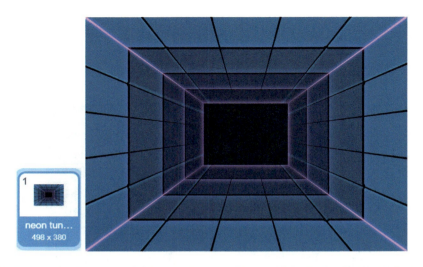

它只有一个脚本，就是当点击绿色旗帜时，将变量"得分"设置为0。

3. 角色

这个游戏中一共有6个角色，分别是弹球、左右两个手臂和左右两个手柄，还有一个陷阱。

我们来一一介绍。

第1个角色：左手臂

它有两个造型，一个是普通造型（普通臂），一个是碰到弹球后闪烁的造型（闪烁臂）。

这个角色有一个音效，我们选择声音库中的snap作为它触碰到弹球时

发出的声音。

"左手臂"角色有一个脚本，就是检测在碰到弹球后，并且变量"弹球是否在移动"等于"是"的情况下，播放声音，切换造型为"闪烁臂"，增加得分，设置速度。

当点击绿色旗帜后，以下代码会重复执行。首先将造型切换为"普通臂"。在碰到弹球并且变量"弹球是否在移动"等于"是"的情况下，首先会播放声音"snap"，然后将变量"弹球是否在移动"设置为"否"。接下来将造型切换为"闪烁臂"。将变量"触碰方向"设置为"方向"，这个变量在后边用于调整弹球的反弹路线。将变量"是否碰到球"设置为"是"。将变量"得分"增加20。将变量"速度"设置为初始值5。等待0.05秒。

第2个角色：右手臂

这个角色和左手臂造型、音效和脚本完全一样，这里不再赘述了。脚本如下所示。

```
当 🚩 被点击
重复执行
    换成 普通臂 ▾ 造型
    等待  碰到 弹球 ▾ ？ 与 弹球是否在移动 ▾ ＝ 是
    播放声音 snap ▾
    将 弹球是否在移动 ▾ 设为 否
    换成 闪烁臂 ▾ 造型
    将 触碰方向 ▾ 设为 方向
    将 是否碰到球 ▾ 设为 是
    将 得分 ▾ 增加 20
    将 速度 ▾ 设为 5
    等待 0.05 秒
```

第3个角色：左手柄

造型如下所示。

音效为声音库中的"kick drum"，表示角色触碰到弹球。

这个角色有两段脚本。

第1步

当点击绿色旗帜时，如果按下左移键，手柄向左移动；否则，复原。

向赋值给变量"触碰方向",将变量"是否碰到球"设置为"是",变量速度加1,等待0.1秒。

第4个角色：右手柄

造型如下所示。

音效同样为声音库中的"kick drum",表示角色触碰到弹球。

这个角色有两段脚本。

第1步

当点击绿色旗帜时,如果按下右移键,手柄向右移动;否则,复原。

第2步

当点击绿色旗帜时,检测在碰到弹球并且变量"弹球是否在移动"等于"是"时,播放声音"kick drum",设置相关变量。

如果碰到角色"弹球",并且变量"弹球是否在移动"等于"是",那么播放音效,将变量"弹球是否在移动"设置为"否",将角色的方

第2步

当点击绿色旗帜时，检测在碰到弹球后，设置相关变量。

当 🚩 被点击
重复执行
　等待 碰到 弹球 ? 与 弹球是否在移动 = 是
　播放声音 kick drum
　将 弹球是否在移动 设为 否
　将 触碰方向 设为 方向
　将 是否碰到球 设为 是
　将 速度 增加 1
　等待 0.1 秒

第5个角色：弹球

1

弹球
42 x 42

第1步

当点击绿色旗帜时，将弹球移动到一个特定位置，面向随机指定的方向，移至最前面。

当 🚩 被点击
等待 0.2 秒
移到 x: 210 y: 120
面向 180 + 在 -10 和 10 之间取随机数 方向
移到最 前面

第2步

设置弹球的移动路径。

当 🚩 被点击
将 弹球是否在移动 设为 是
将 是否碰到球 设为 否
将 速度 设为 5
将大小设为 50
重复执行
　重复执行直到 弹球是否在移动 = 否
　　移动 速度 步
　　碰到边缘就反弹
　等待 是否碰到球 = 是
　右转 ↻ 180 度
　将 方向差 设为 方向 - 触碰方向
　如果 绝对值 方向差 < 90 那么
　　面向 触碰方向 - 方向差 方向
　否则
　　左转 ↺ 45 度
　将 弹球是否在移动 设为 是
　将 是否碰到球 设为 否

　将变量"弹球是否在移动"设置为"是"，将变量"是否碰到球"设置为"否"，将"速度"变量设置为5，将角色大小设置为50。然后开始一段重复执行的脚本。当变量"弹球是否在移动"不等于"否"时，移动角色，并且碰到边缘就反弹。当变量"弹球是否在移动"等于"否"时，调整弹球的方向。当变量"是否碰到球"为"是"时，表示碰到了手臂或者手柄，调整方向；并且将变量"弹球是否在移动"设置为"是"，将变量"是否碰到球"设置为"否"。

第6个角色：陷阱

当弹球碰到陷阱，这局游戏就结束了。

"陷阱"角色的造型如下所示。

为这个角色增加一个音效，选择声音库中的"water drop"，当碰到弹球后，会播放该声音。

它有两段脚本，如下所示。

是否碰到弹球，当碰到弹球，将变量"弹球是否在移动"设置为"否"，广播"游戏结束"消息，停止当前脚本。

第2步

当接收到"游戏结束"消息时，播放声音"water drop"。

到这里，这个游戏就完成了。快来玩玩我们用Scratch 3.0编写的弹球游戏，看看和Windows下的游戏相比，效果怎么样。大家也可以试一试修改弹球的速度和反弹的方向，让游戏变得更容易或难度更高。

第1步

当点击绿色旗帜时，一直检测

4.3 电子相册

在本节中，我们来制作一个能够自动循环播放照片的电子相册。

1. 变量

计时器：用于倒计时，这是一个隐藏变量。

2. 背景

有两个背景图，一个作为倒计时背景，一个作为展示相片时的白色背景。

它有一个音效，是从本地上传的背景音乐。

它只有一个脚本，就是当点击绿色旗帜时，将背景切换为"计时背景"，然后播放背景音乐"家庭相册"，当音乐结束后，停止全部脚本。

3. 角色

一共有3个角色，分别是倒计时的数字，用于倒计时旋转的时钟，还有照片。

第1个角色：时针

造型如下所示。

它只有一个脚本。当点击绿色旗帜时，调整角色的方向，显示角色。然后让时针顺时针方向旋转起来。当时针转了3圈后，隐藏角色，广播"开始播放"消息。

第2个角色：倒计时

它有3个造型，分别表示倒计时的数字。

倒计时角色的脚本就做了一件事情，就是根据变量"计时器"的数值，来切换造型。当"计时器"等于1时，停止当前脚本，不再重复脚本。

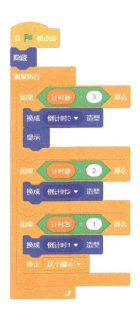

第3个角色：照片

我们把想要展示的照片从本地上传，作为"照片"角色的造型，可供切换。

这个角色有3段脚本，如下所示。

当点击绿色旗帜时，隐藏角色。

当接收到"开始播放"消息时，将背景切换为"空白"。

当接收到"开始播放"消息，将造型切换为"第1张照片"，然后每个造型展示3秒钟，切换到下一个造型，一直循环下去。

就这么简单，我们的电子相册就完成了。读者可以参照这个程序的制作过程，把自己成长过程中的照片也制作成电子相册，留下满满的美好回忆。

4.4　白色圣诞节

本节我们将做一个关于圣诞节主题的小游戏，这个小游戏主要在于观赏而不是操作。当程序运行的时候，天空飘起了雪花，送礼物的圣诞小猫会带着礼物出现在魔法球中。这个游戏中，我们会第一次用到克隆的概念。你也可以先回顾一下2.1.1节，了解克隆的概念，以便于更好地理解这个游戏的程序。

1.　变量

随机数：根据这个值来设置雪花的旋转方向。

2.　背景

我们上传一张本地的图片作为游戏背景。

3. 角色

这个游戏一共有5个角色，分别是雪花、圣诞小猫、魔法球、礼物1和礼物2。

我们依次来看看各个角色。

个造型是雪花在空中的造型，最后一个是雪花落在地面或屋顶的造型（叫作"雪球"）。

这个角色有4段脚本，我们分别来看一下。

第1个角色：雪花

这个角色一共有4个造型，前3

第1步

在这段脚本中，我们会利用克隆来创建雪花的克隆体。克隆这个概念，我们在2.1.1节介绍过。

当点击绿色旗帜后，隐藏角色，并将画笔全部擦除。然后重复执行下面的代码块。接下来是另一个有限次数的重复执行，循环次数是75到150之间的一个随机值。在这个循环中，角色首先会克隆自己，然后等待0.1到0.4秒之间的一个随机时间，然后结束本次循环，进入下一次迭代。

第2步

在第1步克隆自己后，会自动执行 当作为克隆体启动时 。我们在这段代码中设置雪花的显示及运行轨迹。这段脚本有点长，我们分段来介绍一下。

当这个角色的克隆体启动后，首先将变量"随机数"设置为1或2。造型切换为造型编号1、造型编号2或造型编号3中的一种，也就是分别对应雪花的前3种造型。

如果造型编号是1，将角色大小设置为50到90之间的一个随机数。然后移动到x坐标为-235到235之间，y坐标为170，也就是舞台顶端的某个随机位置。

然后在碰到棕色（屋顶和地面的颜色）之前，重复执行如下代码。将角色移到最前面，并且显示。如果变量"随机数"等于1，那么角色向左转3度，否则角色向右转3度。然后将坐标增加-2，也就是向下移动2个单位。只要没有碰到棕色，就重复前面的动作。这个循环实现了雪花从空中飘落的过程。

循环结束，表示雪花已经落到了屋顶或者地面上。切换造型为雪球造型。然后盖上图章，画上角色的形状。等待1到3秒的一个随机时间后，删除克隆体。

 小贴士 ✏️图章 积木可以把角色当成模板，然后在舞台背景上盖上图章，这样在舞台上就画出一个一模一样的角色。但是，使用图章画出的角色只能显示，不能做任何动作。如果想要清除图章，可以使用 ✏️全部擦除 积木，来清除当前舞台画面上所有的画笔痕迹。

如果造型编号是2，将角色大小设置为40到80之间的一个随机数。然后实现雪花飘落的动作。这段代码同前面代码类似，只是下落的速度稍有变化，从-2改为-1.5。

```
如果  造型 编号 = 2  那么
    将大小设为  在 40 和 80 之间取随机数
    移到 x  在 -235 和 235 之间取随机数  y 170
    重复执行直到  碰到颜色 ● ?
        移到最 前面 ▼
        显示
        如果  随机数 = 2  那么
            左转 ↺ 3 度
        否则
            右转 ↻ 3 度
        将 y 坐标增加 -1.5
    换成 雪球 ▼ 造型
    图章
    等待  在 1 和 3 之间取随机数
    删除此克隆体
```

现实生活中，下雪的时候，不同雪花的大小以及其飘落的速度都是不同的，这里使用随机数的大小以及不同的下落速度，游戏就会更加逼真和自然。

如果造型编号是3，将角色大小设置为40到80之间的一个随机数。然后实现雪花飘落的动作。这段代码同前面代码类似，只是下落的速度稍有变化，从-1.5改为-1。

```
否则
  将大小设为 在 40 和 80 之间取随机数
  移到x: 在 -235 和 235 之间取随机数 y: 170
  重复执行直到  碰到颜色  ？
    移到最 前面 ▼
    显示
    如果  随机数 = 2  那么
      左转 ↺ 3 度
    否则
      右转 ↻ 3 度
    将y坐标增加 -1
  换成 雪球 ▼ 造型
  图章
  等待 在 1 和 3 之间取随机数 秒
  删除此克隆体
```

第3步

当作为克隆体启动后，重复执行侦测，只要碰到舞台边缘，就把该克隆体删除掉。

```
当作为克隆体启动时
重复执行
  如果  碰到 舞台边缘 ▼ ？ 那么
    删除此克隆体
```

通过前3段代码，雪花就可以在空中飘舞，并且可以堆积到地面和屋顶上了。

第4步

当程序运行10秒钟后，广播消息"圣诞节"。其他几个角色都是在接收到这个消息后，才开始动起来。

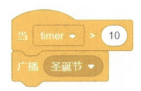

第2个角色：魔法球

该角色造型如下。

该角色有两段脚本。

第1步

当点击绿色旗帜时，隐藏角色。

第2步

当接收到"圣诞节"消息后，将角色移动到指定位置，并且显示。然后重复执行下面的代码。在1.5秒内向上滑动6个单位到指定位置，等待1秒后，向下滑动6个单位到指定位置。这段重复执行的代码，是为了实现让魔法球上下晃动的效果。

第3个角色：圣诞小猫

该角色有两个造型，切换这两个造型，可以实现圣诞小猫眨眼的动作。

这个角色有一个音效，是我们本地上传的一首圣诞节相关的音乐"Jingle Bells"。

这个角色有4段代码。

第1步

当游戏启动时，隐藏角色。

第2步

当接收到"圣诞节"消息后，重

复播放Jingle Bells作为背景音乐。

第3步

当接收到"圣诞节"消息后，将角色移动到指定位置。等待1秒后，显示角色。这里等待1秒，是为了先显示魔法球，然后再显示圣诞小猫。然后重复执行下面的代码。在3秒内向下滑动40个单位到指定位置，然后在3秒内再向上滑动40单位到指定位置。这段重复执行的代码，是为了让魔法球上下晃动。

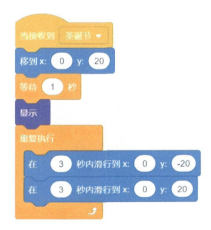

第4步

当接收到"圣诞节"消息后，切

换到第一个造型。然后重复执行如下代码。等待1到4秒之间的一个随机时间后，切换造型，等待0.1秒后，切换回原来的造型。这段代码可以让小猫角色眨动眼睛。

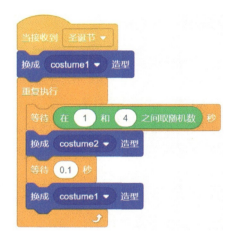

第4个角色：礼物1

这是从角色库中选择的一个gift-a，造型如下。

该角色有两段脚本。

第1步

当点击绿色旗帜时，隐藏角色。

第2步

当接收到"圣诞节"消息后，等待2秒后，将角色移动到指定位置并且显示。然后重复执行下面的代码。在1秒内向下滑动12个单位到指定位置，等待0.5秒后，向上滑动12个单位到指定位置。这段重复执行的代码，是为了让角色上下晃动。

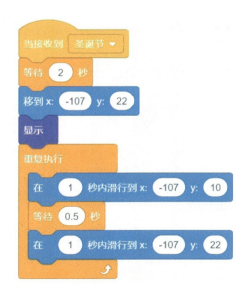

第5个角色：礼物2

这是从角色库中选择的一个gift-b，造型如下。

该角色的脚本和角色"礼物1"的脚本类似，这里不再赘述。

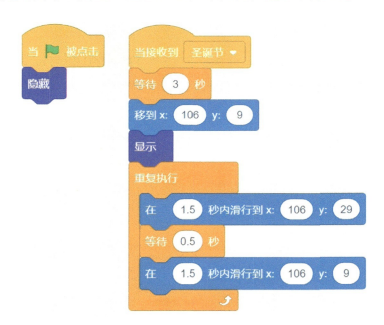

现在这个游戏就编写完了。运行一下，在Jingle Bells的音乐声中，伴随着雪花飘飘，欣赏一下白色圣诞节的表演吧！

第 5 章
中级游戏编程

在这一章中，我们来学习几个中级难度的游戏的编写过程。它们是"逃家小兔""石头剪刀布人机对战""贪吃蛇"和"双人五子棋"。

5.1　逃家小兔

在本节中，我们先来编写一个叫作"逃家小兔"的游戏。在这个游戏中，有只小兔子从家里溜了出来，在路上闲逛，这时天空下起了雨，我们要用鼠标控制雨伞为这只可怜的兔子挡雨。如果有一滴雨落在兔子身上，就会减少一条兔子的生命点数。当生命点数减少到零，游戏结束，然后我们会看到自己的得分。

1.　变量

我们创建了 2 个变量。

生命数：记录玩家的生命点数，这是个隐藏变量。

得分：由时间决定得分数，玩得时间越久，得分越高。游戏结束后，会在舞台上显示这个变量的监视器。

2.　背景

背景很简单，只是一张有色彩的底图。

3. 角色

这个游戏一共有9个角色，首先还是要把默认的"小猫"角色删除掉，然后再依次添加其他各个角色。

第1个角色：开始界面

我们为游戏设置一个开始界面。

该角色有两个脚本。

第1步

当点击绿色旗帜时，显示角色。

第2步

当接收到"开始游戏"消息后，隐藏角色。这条消息是由"开始按钮"角色广播的。

第2个角色：开始按钮

为这个角色添加两段脚本。

第1步

当点击绿色旗帜时，隐藏变量"得分"，然后将该角色移到最前面，显示角色。

第2步

当点击角色，会广播"开始游戏"的消息，并且隐藏角色。

第3个角色：雨滴

我们为雨滴添加了5个造型，通过切换造型来表现雨从天空落下、滴落在雨伞上和滴落在兔子身上等不同的效果。

这个角色有一个声效，表示雨滴落在兔子上的声音。

这个角色有4段脚本。

第1步

这段脚本生成了雨滴。当接收到"开始游戏"消息后，隐藏角色。下面的代码将会重复执行。在一次短暂的等待后，重复执行1到3之间的次数一个随机循环，循环体内只有一条语句，即克隆雨滴自己。这样就会不断地创建出雨滴。

第2步

这是操控雨滴下落的一段代码。当角色作为克隆体启动，首先将旋转方式设置为任意旋转，然后设置角色克隆体的 x 坐标为屏幕上的任意位置，y 坐标为150，表示雨滴从屏幕顶部的某个位置开始下落。切换造型为第一个造型，并且将角色移到最前面，显示角色。现在我们就可以看到角色的这个克隆体了。然后，在碰到"小兔子""雨伞"和"边框"等角色之前，会重复执行如下语句：将 y 坐标增加-11，也就是向下移动11个单位，然后按照

[x坐标 / 100 + 15 · 0.55] 的方式来增加 x 坐标，这样就能使得雨滴落下的

轨迹是变化的，从而增加游戏难度。当循环结束，也就是碰到上述3个角色（"小兔子""雨伞"或"边框"）之一，会播放一个ripples声音，表示雨滴碰撞的声音。

第3步

当角色碰到"小兔子""雨伞"和"边框"等角色之后，会切换造型，然后删除克隆体。

当作为克隆体启动时，不断重复执行以下内容。

如果碰到"雨伞"角色，换成"costume1"造型，面向"雨伞"，左转90度。然后重复切换4个造型，表示雨滴碰到雨伞后的形状变化。最后，删除此克隆体。

如果碰到"小兔子"角色，会将"生命数"增加-1，也就是丢失一点生命数。然后面向"小兔子"，左转90度。接下来重复切换4个造型，表示雨滴碰到小兔子后的形状变化。最后，删除此克隆体。

如果碰到"边框"角色，直接删除此克隆体。

第4步

当接收到"游戏结束"的消息，删除此克隆体。

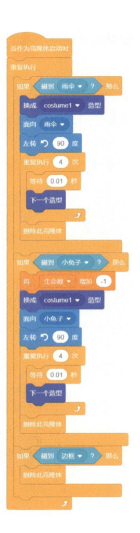

第4个角色：云彩

我们添加的第4个角色叫作"云彩"，它只有一个造型。

这个角色有4段脚本。

第1步

当接收到"开始游戏"后，隐藏角色，重复执行以下代码。随机等待一小段时间，然后克隆自己。

第2步

当作为克隆体启动时，将角色设置为随机大小。将角色移动到x坐标为一个随机数，y坐标为170的位置。然后将虚像特效设定为100，显示此克隆体。然后重复执行25次，每次将虚像特效减4。然后再重复20次，每次将虚像特效加5。之后，删除此克隆体。这样就制作出了云彩在上空时有时无，时隐时现的效果。

第3步

当作为克隆体启动时，在碰到"边框"角色前重复执行如下代码。将此克隆体移到最前面，按照 x坐标 / 130 + 15 × 0.2 的方式增加x坐标，这表示云彩是移动的。当碰到边框后，删除此克隆体。

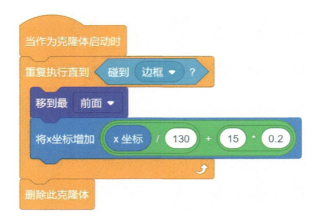

第4步

当接收到"游戏结束"消息后，删除此克隆体。

第5个角色：小兔子

小兔子是游戏的主角，我们为它添加了7个造型。前6个造型表示小兔子移动时的造型。第7个造型表示雨滴淋到小兔子身上时，小兔子的反应，也就是把耳朵竖了起来。

这个角色有5个脚本。

第1步

当接收到"开始游戏"消息后，将角色大小设置为95，y坐标为-135，x坐标是-100到100之间的一个随机数。切换为第1个造型，然后显示角色。重复执

行以下代码。随机等待一段时间后，广播消息"兔子跳"。

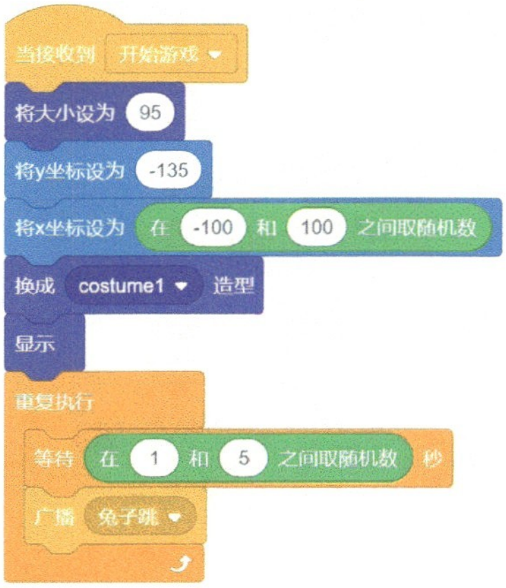

第2步

当接收到"开始游戏"消息后，重复执行以下代码。如果碰到"雨滴"角色，切换为"淋雨"造型，等待1秒后，再把造型切换回来。

第3步

通过切换角色的造型，表现出兔子移动的形态。当接收到"兔子跳"消息后，重复执行以下代码两次。在循环体中又嵌套了一个重复执行5次的代码块，每等待0.05秒就切换一个新造型。循环结束后将造型切换回第一个造型。

第4步

当接收到"兔子跳"消息后，如果角色的x坐标小于0，就让角色面向-90方向，即头朝右，然后滑行到一个随机位置。如果x坐标大于0，就让角色面向90方向，也就是头朝左，然后滑行到一个随机位置。小兔子的这种乱蹦乱跳的不确定性，增加了游戏的难度。

第5步

当接收到"游戏结束"消息后，停止全部脚本。

第6个角色：雨伞

造型如下所示。

这个角色有两段脚本。

第1步

当接收到"开始游戏"后，将角色大小设置为60。重复执行如下代码：让 x 坐标跟随鼠标的 x 坐标移动，y 坐标设置为-50。这样，雨伞就会随着鼠标水平移动。

第2步

当接收到"游戏结束"消息之后，"雨伞"移动到角色"小兔子"身边，其 y 坐标设置为-50。

第7个角色：边框

这个角色的造型只是两条线，表示右边和下边的边框，目的就是当角色的克隆体碰到这两条边线后，删除掉此克隆体。这表示云彩已经飘出了我们的视线。

这个角色没有脚本。

第8个角色：生命数

这个角色主要是为了提醒玩家还有多少生命点数，造型也就是生命点数的对应值。

这个角色有3段脚本。

第1步

当接收到"开始游戏"消息，将变量"得分"隐藏，将变量"生命数"隐藏。然后将变量"生命数"设置为5，将角色造型切换为数字5，表示目前有5个生命点数。重复执行如下代码，当变量"生命数"改变的时候，将造型切换为对应数字。

第2步

当接收到"开始游戏"消息，重复执行如下代码。每等待1秒钟，就将变量"得分"加1。这表示游戏持续时间越久，得分越高。

第3步

当接收到"开始游戏"消息，重复执行如下代码。如果变量"生命数"等于0，那么在舞台上显示它的监视器。广播消息"游戏结束"。

第9个角色：结束

因为这个角色的造型是白色，所以在下图中看不太清楚。

如果我们将角色放到蓝色背景上，可以看到有"得分"两个字，其下面还有几朵云彩。

该角色有两个脚本。

第1步

当点击绿色旗帜时，隐藏角色。

第2步

当接收到"游戏结束"消息时，角色移动
到最前面，显示角色。然后将虚像特效设置为
0。

到这里游戏就编写好了。我们可以来玩一
下这个游戏，移动鼠标来保护这个从家里逃出
来的小兔子吧！

5.2 "石头剪刀布"人机对战

"石头剪刀布"是一种猜拳游戏，也是人人都会玩的游戏。游戏规则是这
样的：石头战胜剪刀；剪刀战胜布；布战胜石头。在这个游戏中，我们采用
人机对战的方式，作为玩家，我们从下方的三种图形中做出选择，然后和计
算机随机选取的选项进行猜拳，看看谁能获胜。

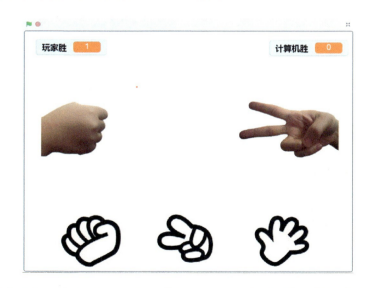

我们会设置5个角色，分别为玩家、计算机、剪刀、石头和布。在介绍
背景和各个角色之前，我们先介绍4个变量。

1. 变量

我们创建了 4 个变量：

玩家选择：记录玩家所做出的选择。如果选择石头，将该变量设置为 1；如果选择剪刀，将该变量设置为 3；如果选择布，将该变量设置为 2。这是个隐藏变量。

计算机选择：记录计算机所做出的选择，它是 1 到 3 的一个随机值，这是个隐藏变量。

玩家胜：记录玩家胜利了几局，在舞台上显示这个变量的监视器。

计算机胜：记录计算机胜利了几局，在舞台上显示这个变量的监视器。

2. 背景

背景有 4 个造型，分别是空白背景、选手胜、平局和计算机胜。

我们从声音库中选择了 3 个声音，用 cheer 表示玩家获胜，computer beeps1 表示计算机获胜，cymbal crash 表示平局。

接下来介绍背景的脚本。

第1步

当点击绿色旗帜时，初始化变量"玩家胜"和"计算机胜"为零，并且广播消息"开始新游戏"。

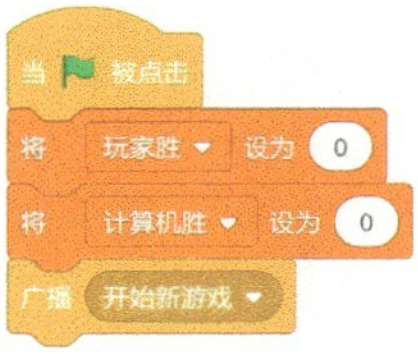

第2步

当接收到消息"开始新游戏"时，切换背景为"空白"。

第3步

当接收到消息"计算机胜"时，切换相应的背景并播放对应的音效，广播"开始新游戏"消息，将变量"计算机胜"加1。

第4步

当接收到消息"玩家胜"时，切换相应的背景并播放对应的音效，广播"开始新游戏"消息，将变量"玩家胜"加1。

第5步

当接收到消息"平局"时，切换相应的背景并播放对应的音效，广播"开始新游戏"消息。

3. 角色

第1个角色：剪刀

造型如下所示。

剪刀角色有4段脚本。

第1步

当接收到消息"开始新游戏"，显示角色。

第2步

当接收到消息"石头"，隐藏角色。

第3步

当接收到消息"布"，隐藏角色。

第4步

当点击角色时，广播消息"剪刀"，广播消息"玩家选择完毕"，隐藏角色。

第2个角色：石头

造型如下所示。

石头角色的脚本和剪刀类似，只不过，点击角色时，广播的消息是"石头"。

第3个角色：布

布角色的脚本和剪刀类似，只不过，点击角色时广播的消息是"布"。

介绍。

第1步

自定义一个新的积木，将其命名为"预备"，它的作用是让角色上下的摆动，就像我们真实的猜拳动作一样。

第4个角色：玩家

玩家有4个造型，分别是一只手，然后是剪刀、石头和布的形状。

玩家角色有9段脚本，下面依次

如何创建自制积木

我们可以创建自制积木，点击"自制积木"分类中的"制作新的积木"按钮，会出现如下的对话框：

点击上方积木中的空白框来修改它的名字，我们这里给它起个名字叫"预备"。当单击确定按钮的时候，新的积木会出现在"自制积木"分类中。

这个自制积木还会出现在脚本中。我们可以定义这个积木要做些什么，例如播放声音。这就好像是定义了一个函数。

自制积木

我们还可以创建带有参数的自制积木。同样，先要点击"制作新的积木"按钮，我们给这个新的积木块取名为"讲话"。要创建参数，在"制作新的积木"对话框中，点击下方的"添加输入项"按钮，然后选择要添加的参数类型，可以为自定义积木添加多个输入参

数。例如，这里我们添加了一个文本参数
"讲话内容"和一个数字参数"时间长度"，
最后点击"添加文本标签"按钮，增加了
一个文本标签"秒"。

积木的输入参数是数字或文本，会显示为椭圆形的积木。接下来，就要
编写这个自制的"讲话"积木的代码了。在编写自制积木的代码时，如果代
码中要使用输入参数，可以拖动这些表示参数的积木，把它们的副本放到脚
本中指定位置。如下所示，说 你好! 2 秒 积木块中的框，分别被"讲话
内容"和"时间长度"两个参数所代替。就好像完成了一个函数的定义一样，
这样我们就完成了自制积木"讲话"的定义。

定义好了自制积木之后，我们可以调用这个自制积木"讲话"了，它有
两个输入参数，一个是文本"这里调用的是一个自制积木！"，一个是数字

"5"。调用它的示例和执行后的效果如下所示。

第2步

当点击绿色旗帜时，调用自制积木"预备"，让角色上下晃动。

第3步

当接收到消息"开始新游戏"，旋转角色的方向，切换造型为"玩家"，显示角色。

第4步

当接收到消息"石头"，调用自制积木"预备"，旋转角色的方向，切换造型为"石头"，将变量"玩家选择"设置为1。

第5步

当接收到消息"剪刀"，调用自制积木"预备"，旋转角色的方向，切换造型为"剪刀"，将变量"玩家选择"设置为3。

第6步

当接收到消息"布"，调用自制积木"预备"，旋转角色的方向，切换造型为"布"，将变量"玩家选择"设置为2。

第7步

当背景切换为"平局""选手胜"和"计算机胜"时，隐藏角色。

第5个角色：计算机

参与人和计算机游戏的计算机角色有4个造型，分别是一只手，然后是石头、剪刀和布的形状。

样，但我们还是要为计算机角色新创建一个自制积木。当然，我们可以直接复制玩家角色中的积木块定义。

计算机角色有8段脚本。

第1步

自定义了和玩家角色中完全相同的自制积木"预备"。由于制作新的积木只能针对角色，所以尽管代码一

第2步

当点击绿色旗帜时，调用自制积木"预备"，让角色上下晃动。

第3步

当接收到信息"开始新游戏"，旋转角色的方向，造型切换为"计算机"，显示角色。

第4步

当接收到消息"玩家选择完毕"，调用自制积木"预备"，让角色上下晃动。然后从1到3之间随机选择一个数字，将其赋值给变量"计算机选择"。根据变量"计算机选择"的值来切换造型。广播消息"比较"。

第5步

当接收到"比较"消息，根据变量"计算机选择"和"玩家选择"来判断猜拳的胜负。按照石头战胜剪刀、剪刀战胜布、布战胜石头的规则来判断，然后广播相应的消息。

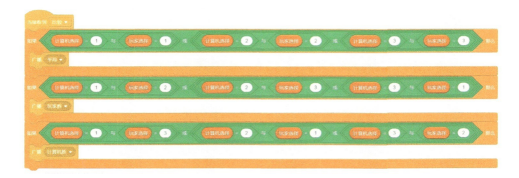

如果变量"计算机选择"和变量"玩家选择"的值相同，广播消息"平局"。

如果"计算机选择"是1，"玩家选择"是2，由于1代表石头，2代表布，所以玩家获胜，广播消息"玩家胜"；

如果"计算机选择"是2，"玩家选择"是3，由于2代表布，3代表剪刀，广播消息"玩家胜"；

如果"计算机选择"是3，"玩家选择"是1，由于3代表剪刀，1代表石头，广播消息"玩家胜"。

如果"计算机选择"是1，"玩家选择"是3，广播消息"计算机胜"；

如果"计算机选择"是2，"玩家选择"是1，广播消息"计算机胜"；

如果"计算机选择"是3，"玩家选择"是2，广播消息"计算机胜"。

第6步

当背景切换为"计算机胜""选手胜"

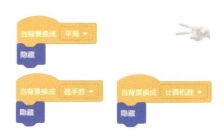

和"平局"时，隐藏角色。

好了，这个游戏的所有的脚本都已经编写完成了，现在可以来试试看游戏的效果。

5.3 贪吃蛇

贪吃蛇游戏是一款经典的益智游戏，既简单又好玩。玩家通过控制蛇头方向来吃食物，一旦吃到食物，蛇的身体就会变长。当蛇的身体碰到游戏窗口的边缘，或者当蛇头碰到蛇的身体的某一部位的时候，游戏就结束了。因此，随着游戏的进行，蛇吃到的食物越来越多，它的身体变得越来越长，游戏难度也逐渐增加。

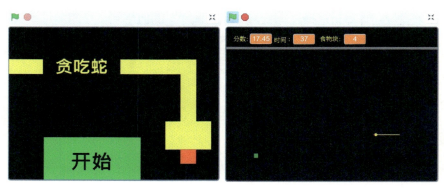

这款游戏有1个舞台背景和6个角色。

我们先介绍变量和列表，然后再介绍背景和角色。

1. 变量和列表

我们定义了7个变量。

得分：表示本局获取的分数，在舞台上方显示该变量的监视器。

时间：表示本局游戏持续了多久，在舞台上方显示该变量的监视器。

食物块：表示贪吃蛇在本局吃掉的食物块的数量，在舞台上方显示该变量的监视器。

方向：表示贪吃蛇当前运动的方向，这是个隐藏变量。

改变方向：表示贪吃蛇向哪个方向拐弯，这是个隐藏变量。

擦除延时：表示橡皮擦和贪吃蛇之间的间隔时间，这是个隐藏变量。

是否死亡：表示贪吃蛇的死亡状态，"是"表示死亡，"否"表示活着，这是个隐藏变量。

还需要定义3个列表。

拐弯x坐标：用来记录贪吃蛇拐弯时x坐标的列表。

拐弯y坐标：用来记录贪吃蛇拐弯时y坐标的列表。

拐弯方向：用来记录贪吃蛇拐弯时的方向的列表。

2. 背景

背景有两个造型，分别表示游戏开始和游戏进行中的界面。

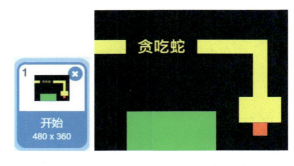

我们为背景添加了两段脚本。

第1步

当点击绿色旗帜时，切换背景为"开始"。

第2步

当接收到消息"启动"时，清空舞台，切换背景为"游戏中"。在接下来要介绍的"按钮"角色中，我们会广播这个消息。

3. 角色

把默认的"小猫"角色删除掉。添加以下的角色。

第 1 个角色：按钮

我们增加的第一个角色是"按钮"，它有 2 个造型，分别表示"开始"按钮和"再来一局"按钮。

我们把准备好的贪吃蛇的音乐，从本地添加进来作为游戏背景音乐。

按钮角色有 3 段脚本。

第 1 步

当点击绿色旗帜时，将造型切换为"开始"按钮，移动到背景的绿色区域，显示角色。

第 2 步

当点击这个角色时，广播消息"启动"，隐藏角色，并且循环播放背景音乐。

第 3 步

当接收到消息"死亡"时，将造型切换为"再来一局"，显示角色。重复执行如下代码。如果鼠标移动到角色上，将虚像特效设定为 0，让角色高亮显示，否则，增加虚像特效。我们会在后面介绍的"贪吃蛇"角色中，广播这个消息。

开始

当接收到 死亡 ▼

移到 x: 0 y: 0

换成 再来一局 ▼ 造型

显示

重复执行

　如果 碰到 鼠标指针 ▼ ? 那么

　　将 虚像 ▼ 特效设定为 0

　否则

　　将 虚像 ▼ 特效设定为 50

 小贴士　　　　我们可以使用"外观"分类中的 将 颜色 ▼ 特效设定为 0 积木为角色加上一些图形特效，并且指定它的强度。点击菜单可以从中选择一种效果：

将 颜色 ▼ 特效设定为 0

✓ 颜色
鱼眼
漩涡
像素化
马赛克
亮度
虚像

　　我们这里选择的就是虚像。大家可以尝试键入从-100到100的不同数字来看一下效果（一些效果接受的值的范围是0到100）。

清除图形特效 积木可以清除所有的图形特效。

第2个角色：倒计时

我们为倒计时添加了3个造型。3个数字，分别表示倒计时的时间。

这个角色有2段脚本。

第1步

当点击绿色旗帜时，隐藏变量"得分""时间"和"食物块"。隐藏角色。

第2步

当接收到消息"启动"时，将变

量"是否死亡"设置为"否"，初始化并显示得分、时间和食物块的变量，然后通过切换造型来倒计时，只要变量"是否死亡"不等于"是"，就将变量"时间"加1。

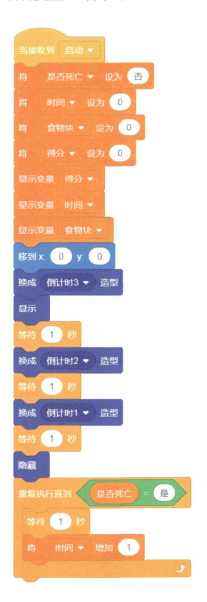

第3个角色：贪吃蛇

现在我们介绍游戏的主角：贪吃蛇。我们为它准备了4个造型，分别表示蛇头向右、向左、向上和向下，造型中用红色小方块表示蛇的蛇，红色朝哪个方向，就表示蛇头朝向该方向。

这个角色有两段脚本。

第1步

当点击绿色旗帜时，删除几个列表中的全部数据，设置变量"方向"和"擦除延时"的值。隐藏角色，清空舞台，设置画笔的颜色。

第2步

接收到消息"启动"，根据方向键来控制贪吃蛇的移动及判断贪吃蛇是否死亡。这段脚本有点长，因此，我们分为4部分来进行介绍。

首先，将角色移动到屏幕的中央，删除几个列表中的全部数据，设置变量"方向"和"擦除延时"的值。设置角色的方向。将造型切换为"右"，使得蛇头向右。等待3秒钟。将画笔的粗细设置为1。移至最上层并显示角色。落笔。

下面这段代码将会重复执行。

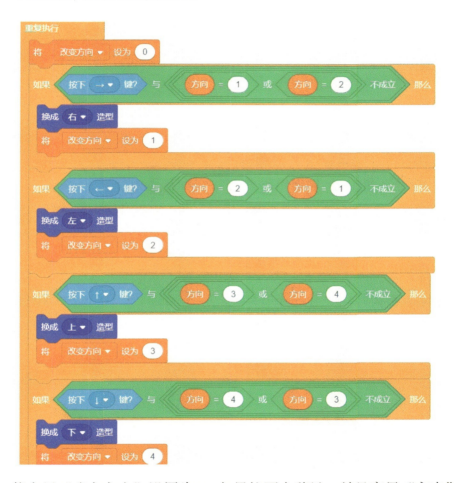

将变量"改变方向"设置为0。如果按下右移键，并且变量"方向"不为1或2（就是表示蛇头朝向不是向左或者向右，蛇无法既继沿原方向，也无法突然调头，后面几种情况下，也是类似的），将造型切换为"右"（蛇头向右），将变量"改变方向"设置为1。如果按下左移键，并且变量"方向"不为1或2（就是表示蛇头朝向不是向左或者向右），将造型切换为"左"（蛇头向左），将变量"改变方向"设置为2。如果按下上移键，并且变量"方向"不为3或4（就是表示蛇头朝向不是向上或者向下），将造型切换为"上"（蛇头向上），将变量"改变方向"设置为3。如果按下下移键，并且变量"方向"不为3或4（就是表示蛇头朝向不是向上或者向下），将造型切换为"下"（蛇头向下），将变量"改变方向"设置为4。

如果变量"改变方向"不为0，表示要将贪吃蛇调整一个方向，将x坐标加到列表"拐弯x坐标"中，将y坐标加到列表"拐弯y坐标"中，将变量"改变方向"加到列表"拐弯方向"中。并且将变量"改变方向"赋值给变量"方向"。然后根据变量"方向"的值，来调整x坐标和y坐标。如果"方向"为1，表示向右；如果"方向"为2，表示向左；如果"方向"为3，表示向上；如果"方向"为4，表示向下。

接下来判断变量"擦除延时"是否为零，我们一开始的时候把它设置为

20，每次减1，当循环20次时，变量为零。如果变量为零，广播消息"擦除"。然后设置了贪吃蛇死亡的条件：碰到边缘，表示出界了，贪吃蛇会死亡；y坐标大于126，表示碰到了上边那条灰色的线，贪吃蛇会死亡；红色碰到黄色，表示蛇头碰到了自己的蛇身，贪吃蛇也会死亡。

第4个角色：橡皮擦

橡皮擦的主要功能是擦除贪吃蛇移动的轨迹。我们使用橡皮擦角色画的黑色的线覆盖掉贪吃蛇画的黄色的线，这样在黑色背景上就看不出黄色的移动轨迹。橡皮擦角色只有一个造型，就是一个小黑点。

橡皮擦角色有2段脚本。

第1步

当接收到"启动"消息，设置画笔颜色，将变量"橡皮擦方向"设置为1，设置画笔粗细和角色的位置。落笔。隐藏角色。

第2步

当接收到消息"擦除",根据"橡皮擦方向",移动橡皮擦。

如果变量"橡皮擦方向"为1,表示向右;如果"橡皮擦方向"为2,表示向左;如果"橡皮擦方向"为3,表示向上;如果"橡皮擦方向"为4,表示向下。如果角色x坐标和y坐标分别等于之前列表中第1项所存储的x坐标和y坐标,那么将列表"拐弯方向"的第1项赋值给变量"橡皮擦方向",删除各个列表中的第1项。

第5个角色:食物块

食物块也是只有一个造型,就是一个绿色的小方块。

这个角色有一个从声音库选择的音效 "alien creak1"，表示贪吃蛇吞咽食物块的声音。

这个角色有两段脚本。

第1步

当点击绿色旗帜时，隐藏角色。

第2步

当接收到"启动"消息后，在一个随机的位置生成食物块，当碰到贪吃蛇时，表示食物被蛇吃掉，重新生成食物块，并且更新"得分"、吃掉的"食物块"数量以及"擦除延时"（表现贪吃蛇的长度）等变量。

接收到消息"启动"时，隐藏角色。等待3秒后，将角色随机移动到一个位置，随机设置大小，显示角色。接下来，重复判断是否碰到贪吃蛇，如果碰到：播放贪吃蛇吞咽食物块的声音；将角色随机移动到一个位置；随机设定角色的大小；修改变量"擦除延时"，使得蛇的身子变长；增加得分；增加食物块。

```
当接收到 启动 ▼

隐藏

等待 3 秒

移到 x: 在 -200 和 200 之间取随机数  y: 在 -150 和 126 之间取随机数

将大小设为 在 60 和 140 之间取随机数

显示

重复执行
    如果 碰到 贪吃蛇 ▼ ? 那么
        播放声音 alien creak1 ▼
        移到 x: 在 -200 和 200 之间取随机数  y: 在 -150 和 126 之间取随机数
        将大小设为 在 60 和 140 之间取随机数
        将 擦除延时 ▼ 增加 大小 / 10
        将 得分 ▼ 增加 大小 / 20
        将 食物块 ▼ 增加 1
```

第6个角色：游戏结束

这个角色有两个造型，当游戏结束时，交替闪烁。

第6个角色：游戏结束

它有一个从声音库中选取的"screech"的音效，表示贪吃蛇死亡时的声音。

这个角色有3个脚本。

第1步

当接收到"启动"消息时，隐藏角色，并且移动到背景的右下角

第2步

当接收到"死亡"消息时，显示角色，重复执行造型的切换，以实现闪烁的效果

第3步

当接收到消息"死亡"时，播放声音"screech"。

到这里，"贪吃蛇"的游戏就完成了。请大家试着玩一玩，看看游戏效果。大家也可以尝试把贪吃蛇移动的速度加快，让游戏难度加大，需要注意的是也要把橡皮擦的速度同时调快。还可以试着让贪吃蛇碰到左边缘后，从右边缘再出现。

5.4 双人五子棋

五子棋是一种两人对弈的纯策略型棋类游戏。游戏双方分别使用黑白两色的棋子，下在棋盘直线与横线的交叉点上，先形成5子连线者（可以是横排方向、竖排方向和两个对角线方向）获胜。我们编写的这款"双人五子棋"游戏，由两位玩家轮流执黑子和白子在棋盘上落子，谁先形成5子连线谁就获胜。

1. 变量和列表

我们定义了7个变量。

已连接的棋子：表示已经能连成线的棋子数量，这是个隐藏变量。

是否已落子：表示棋盘交叉点上是否已经有落子，这是个隐藏变量。

是否行子：表示是否在行子的状态，这是个隐藏变量。

获胜方：表示黑棋获胜还是白棋获胜，这是个隐藏变量。

计数器 1：用于计数，这是个隐藏变量。

计数器 2：用于计数，这是个隐藏变量。

计数器 3：用于计数，这是个隐藏变量。

还定义了 3 个列表：

棋子的 x 坐标：表示落在棋盘上棋子的 x 坐标的列表。

棋子的 y 坐标：表示落在棋盘上棋子的 y 坐标的列表。

棋盘上的棋子：表示落在棋盘上棋子是黑棋还是白棋的列表。

2. 背景

只有一个棋盘造型的背景，这个背景没有脚本，非常简单。

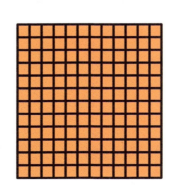

3. 角色

把默认的"小猫"角色删除掉。然后，依次添加如下的角色。

第1个角色：标牌

在这个游戏中，我们通过标牌的造型来做信息提醒的。标牌一共有8个造型，分别表示8种提示。

我们用传统的古筝音乐"渔舟唱晚"作为背景音乐。

标牌角色有8段脚本。

第1步

当点击绿色旗帜时，播放背景音乐。

第2步

当点击绿色旗帜时，切换造型，显示提示信息。

第3步

当接收到消息"白棋盒"，切换造型，显示"轮白棋行子，点击白色棋盒取子"。

第4步

当接收到消息"黑棋盒"，切换造型，显示"轮黑棋行子，点击黑色棋盒取子"。

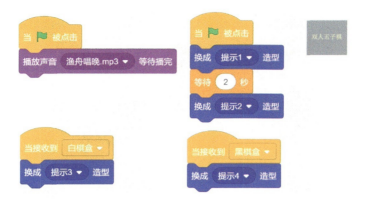

当接收到消息"白棋行子"，切换造型，显示"请将棋子下在棋盘空白点上"。

第6步

当接收到消息"黑棋行子"，当棋盘上棋子数大于0，切换造型，显示"请将棋子下在棋盘空白点上"。

第7步

当接收到"获胜"消息，如果变量"获胜方"等于黑子，切换造型，显示"黑棋获胜"；否则，切换造型，显示"白棋获胜"。

第8步

当接收到"判断胜负"消息，切换造型，显示"判断中……"。

第2个角色：白棋盒

白棋盒角色只有如下的一个造型。

白棋盒有两段脚本。

第1步

当接收到"白棋盒"消息，会等待在角色上按下鼠标，表示取子的动作。然后将变量"是否已落子"设置为"否"，将"是否行子"设置为"是"。广播消息"白棋行子"。

第2步

当点击绿色旗帜时，摆放角色的位置。

第3个角色：黑棋盒

黑棋盒也只有如下的一个造型。

黑棋盒角色也有两段脚本。

第1步

当接收到"黑棋盒"消息，会等待在角色上按下鼠标，表示取子的动作。然后将变量"是否已落子"设置为"否"，将"是否行子"设置为"是"。广播消息"黑棋行子"。

第2步

当点击绿色旗帜时，将角色放置到舞台上相应的位置。

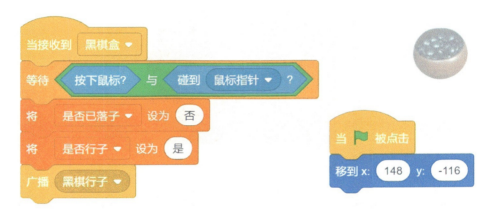

第4个角色：棋子

现在我们介绍游戏的主角：棋子。我们为它准备了2个造型，分别是白子和黑子。

这个角色有7段脚本。

第1步

当点击绿色旗帜时，清空舞台，隐藏角色。设置变量"获胜方""是否行子"和"是否已落子"的初始值。清空列表中的所有数据，广播消息"黑棋行子"。

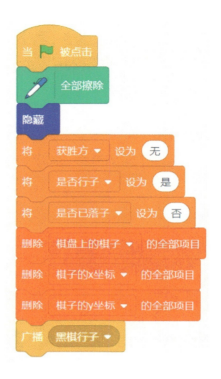

第2步

自定义一个新积木"行子"。这个积木用来实现如何在棋盘上落子。它有两个字符串参数，"棋子颜色"和"消息"。

将角色的造型切换为参数"棋子颜色"，移至最上层，显示角色。如果变量"是否行子"不为"否"，则一直重复下面的代码。

将角色移动到鼠标指针。如果按下鼠标，而且落子的坐标在棋盘上，那么会将变量"计数器1"加1，然后会通过重复，遍历列表"棋盘上的棋子"中的所有项，判断要落子的地方是否已有棋子，如果有就将变量"是否已落子"设置为"是"。

　　循环结束后，继续判断变量"是否已落子"的值是否等于"是"。如果等于"是"，则将变量"是否已落子"设置为"否"，完成本次循环。如果不等于"是"：将参数"棋子颜色"加入到列表"棋盘上的棋子"中；将落子的 x 坐标和 y 坐标分别加入到列表"棋子的 x 坐标"和列表"棋子的 y 坐标"中；将角色的 x 坐标和 y 坐标设置为落子处；加盖图章；将变量"是否行子"设置为"否"，将变量"获胜方"设置为"判断中"，广播消息"判断胜负"；在变量"获胜方"等于"无"之前一直等待，当变量"获胜方"不再等于"无"时，广播消息，消息名就是参数"消息"，然后完成本次循环。

第3步

接收到消息"黑棋行子"，调用自制积木"行子"，参数为"黑子"和"白棋盒"。

第4步

接收到消息"白棋行子"，调用自制积木"行子"，参数为"白子"和"黑棋盒"。

第5步

自制新的积木"判断算法"。这个自制积木用来判断是否有横排方向、竖排方向和两个对角线方向的5子连线。它有8个参数，分别是$x1$、$x2$、$x3$、$x4$、$y1$、$y2$、$y3$和$y4$。参数$x1$、$x2$、$x3$和$x4$，用于x坐标的判断。参数$y1$、$y2$、$y3$和$y4$用于y坐标的判断。

由于这个脚本比较长，我们分为几部分来介绍。

　　首先将变量"已连接的棋子"设置为1，将变量"计数器2"设置为1。接下来进入循环，这个循环重复执行的次数，就是"棋盘上的棋子"列表中的项目数。将变量"计数器3"设置为1。接下来进入另一个循环，重复执行的次数，还是"棋盘上的棋子"列表中的项目数。如果任意两个棋子的颜色相同，并且y坐标相差$y1$，x坐标相差$x1$，那么将变量"已连接的棋子"加1，表示多了一个棋子连线。判断结束后，将变量"计数器3"加1，这样就完成了一次子循环。然后开始下一次子循环，直到遍历完列表"棋盘上的棋子"中的所有项目。

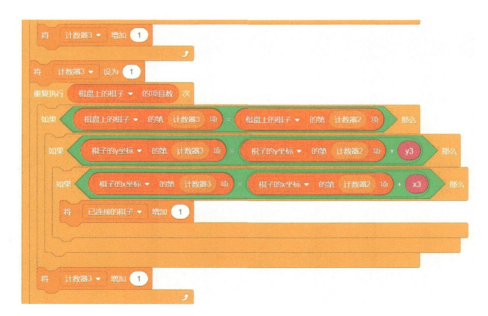

这段代码和前边代码类似，只是把x1换成了x2，y1换成了y2，就不再赘述。

这段代码和前边代码类似，只是把x1换成了x3，y1换成了y3，就不再赘述。

这段代码和前边代码类似，只是把 x1 换成了 x4，y1 换成了 y4，就不再赘述。

然后会判断变量"已连接的棋子"是否等于 5，如果相等，表示已有一方的棋子形成了五子连线，那么将变量"获胜方"设置为列表"棋盘上的棋子"的第"计数器 2"项，广播消息"获胜"，并停止角色的其他脚本。如果变量"已连接的棋子"不等于 5，表示还没有形成五子连线，那么将变量"已连接的棋子"重新设置为 1，将变量"计数器 2"加 1，这样就完成了一次大循环。然后开始下一次大循环，直到遍历完列表"棋盘上的棋子"中的所有项。

第6步

当接收到"判断胜负"消息后，调用自制积木"判断算法"来验证是否有获胜方。

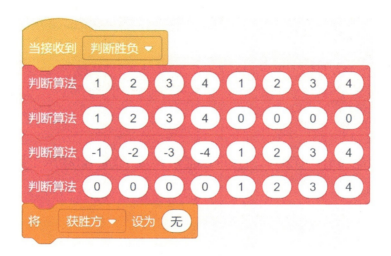

首先积木"判断算法"调用的参数是1、2、3、4、1、2、3和4，判断有无从右上到左下的对角线方向的5子连线。然后积木"判断算法"调用的参数是1、2、3、4、0、0、0和0，这次判断的是有无横排方向的5子连线。然后积木"判断算法"调用的参数是–1、–2、–3、–4、1、2、3和4，判断有无从左上到右下的对角线方向的5子连线。然后积木"判断算法"调用的参数是0、0、0、0、1、2、3和4，判断有无竖排方向的5子连线。最后将变量"获胜方"设置为"无"。

到这里，"双人五子棋"这个游戏就编写完了。你可以找你的朋友一起来试一试，看看好不好玩。

第 6 章
全民飞机大战游戏

本章介绍如何用 Scratch 3.0 编写"全民飞机大战"游戏。

6.1 游戏简介

　　飞机大战是一款经典的飞行射击类游戏，也承载了很多人青少年时代的回忆。在本章中，我们仿照飞机大战，编写一款类似的游戏。玩家通过方向键来操控飞机的方向，以躲避蝗虫的炸弹和地面袭击，同时通过按下空格键向蝗虫射击。

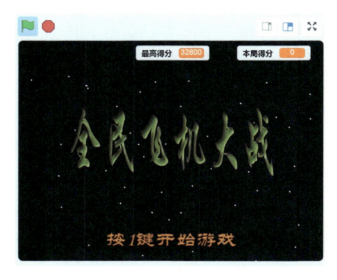

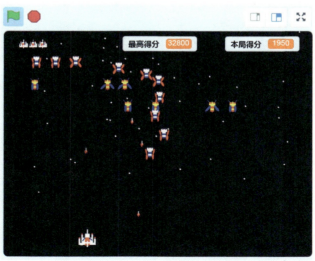

这个游戏包含9个角色，分别是飞机、子弹、蝗虫、炸弹、等级、开始界面、结束界面、星空1和星空2。

- 角色飞机是我们要操控的主体，它可以向左向右躲避蝗虫和蝗虫投放的炸弹，并且能够发射子弹。

- 角色子弹是我们的主要进攻武器，它可以消灭蝗虫。

- 角色蝗虫是我们的对手，它不仅可以投放炸弹，还可以俯冲下来，和我们的飞机对撞。

- 角色等级是为了表示玩家玩游戏的水平级别，级别越高，表示消灭的蝗虫越多，飞机已存活的时间越长。

- 角色开始界面和结束界面分别是在游戏开始和结束时展现的画面。

- 角色星空1和星空2是为了烘托背景效果，显得画面更加生动。

稍后，我们会分别介绍每种角色的造型、声音和脚本。

另外，我们还创建了14个变量。

生命数：表示还剩余几架飞机，这是个隐藏变量。

等级：当前的级别，级别越高，表示消灭的蝗虫越多，飞机已存活的时间越长，这是个隐藏变量。

最多子弹数量：在某一时刻飞机最多可以打出的子弹数量，这是个隐藏变量。

最多炸弹数量：在某一时刻蝗虫最多可以投出的炸弹数量，这是个隐藏变量。

最多蝗虫数量：在某一时刻最多可以生成的蝗虫数量，这是个隐藏变量。

炸弹数量：当前蝗虫已投出的炸弹数量，它不能大于"最多炸弹数量"，这是个隐藏变量。

子弹数量：当前飞机已打出的子弹数量，它不能大于"最多子弹数量"，这是个隐藏变量。

剩下的蝗虫数量：当前剩余的蝗虫数量，它不能大于"最多蝗虫数量"，这是个隐藏变量。

第几个蝗虫：这是第几个要生成的蝗虫，这是个隐藏变量。

本局得分：本局得到的分数，每打死一只蝗虫，可以得到50分，在舞台上显示该变量的监视器。

最高得分：历史最高得分，在舞台上显示该变量的监视器。

飞机是否在爆炸：判断飞机是否在爆炸的过程中，这是个隐藏变量。

下一个炸弹的 x 坐标：下个要出现炸弹的 x 坐标，这是个隐藏变量。

下一个炸弹的 y 坐标：下个要出现炸弹的 y 坐标，这是个隐藏变量。

6.2 游戏编程

1. 背景

造型

选用黑色幕布做舞台背景，当角色"星空1"和"星空2"不断地重复从上往下移动时，就像黑色天空中点缀了很多亮闪闪的星星，交相呼应，非常漂亮。

声音

设置蝗虫飞行时的音效。

脚本

背景共有4个脚本。

第1步

程序启动时将变量"生命数"设置为3，将"等级"设置为0，将"本局得分"设置为0。

小贴士　　如果想要更多的飞机数量，可以把变量"生命数"的值改得大一些。

第2步

当接收到"启动"消息时，设置变量的初始值，生成蝗虫。

```
当接收到 启动 ▼
将 子弹数量 ▼ 设为 0
将 炸弹数量 ▼ 设为 0
将 剩下的蝗虫数量 ▼ 设为 最多蝗虫数量
将 第几个蝗虫 ▼ 设为 0
播放声音 蝗虫飞行 ▼
重复执行 最多蝗虫数量 次
    克隆 蝗虫 ▼
    等待 0.15 秒
等待 剩下的蝗虫数量 = 0
广播 下一级 ▼
```

　　将变量"子弹数量"和"炸弹数量"都设置为0，将"剩下的蝗虫数量"设置为"最多蝗虫数量"，将"第几个蝗虫"设置为0。播放声音"蝗虫飞行"。然后重复克隆"蝗虫"，重复的次数是"最多蝗虫数量"。在变量"剩下的蝗虫数量"等于0之前，一直等待。当满足条件时，广播消息"下一级"。请注意，我们会在后面介绍的角色"等级"的代码中，广播消息"启动"。

第3步

当接收到消息"下一级"时，会停止该角色的其他脚本。

第4步

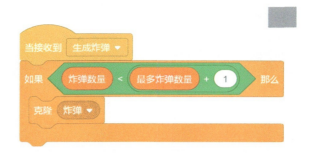

当接收到消息"生成炸弹"时，如果"炸弹数量"小于"最多炸弹数量"，那么就克隆角色"炸弹"。请注意，我们会在后面介绍的角色"蝗虫"的代码中，广播消息"生成炸弹"。

2. 开始角色

造型

为游戏增加一幅启动界面。

声音

我们增加了两个声音，程序启动时播放"飞机主题"的音效，对战开始时播放"飞机启动"的音效。

脚本

这个角色只有1个脚本，那就是展示开始界面。当玩家按下1键时，广播消息"下一级"，开始游戏。

当点击绿色旗帜时，播放"飞机主题"的音乐，并显示角色。然后侦测用户是否按下数字1键，如果没有按下，会一直等待。当用户按下数

字1键时，更换音乐背景，隐藏该角色，并广播消息"下一级"。

3. 等级角色

造型

这个角色共有6个造型，前面5个表示1到5级，第6个名为"下一级"，表示不固定的级别。

声音

我们为角色增加了1个声音，到下一级时，会启动播放"飞机等级"的音效。

这个角色只有1个脚本。

当接收到消息"下一级"后，按照不同"等级"，切换造型，显示角色。播放"飞机等级"的音效，并且为了让级别越高难度越大且子弹攻击力越强，根据"等级"为变量"最多蝗虫数量""最多炸弹数量"和"最多子弹数量"赋值。最后广播"启动"消息，表示开始新一轮的游戏。

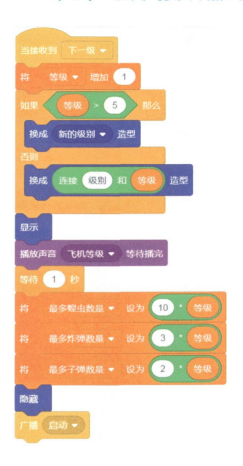

小贴士

如果想要你的火力更加强劲，可以把变量"最多子弹数量"的值设置得更大一些，这时候你会发现子弹可以连发，杀伤力更强。如果想要降低游戏难度，也可以把"最多蝗虫数量"和"最多炸弹数量"的值设定得更小一些。尝试着修改一下这几个值，看看游戏的效果会有什么不同。

4. 飞机角色

造型

飞机有4个造型，分别是飞机、爆炸1、爆炸2和空白，通过切换造型可以表现出飞机正常工作的形状，以及飞机被炸毁时的形状。

声音

这个角色只有一个声音效果，就是当击中飞机的时候，开始播放"击中飞机"的音效。

脚本

第1步

这里我们自定义了一个新的积木，叫作"显示还剩几条命"，它会在游戏界面的左上角显示飞机数量，飞机数量表示剩余的命数。

先移动"飞机"角色到左上角。然后将造型切换为"空白"，加盖图章，这是为了覆盖之前的"飞机"图章。然后，将"飞机"的大小缩小为初始大小的50%，将造型切换为"飞机"。重复加盖图章，重复的次数就是变量"生命数"，并且每次盖章的地方都会向右增加15个像素。循环完成后，将角色的大小恢复为100%。

第2步

点击绿色旗帜开始运行程序时，通过左右键操控飞机方向，然后还要判断是否被蝗虫击中。

设置飞机面向0度方向。将飞机移动到屏幕底部中央。将变量"飞机是否在爆炸"设置为"否"。接下来进入一个循环。如果造型编号等于1，表示是"飞机"造型，那么在x坐标小于240的情况下，每次按下右移键，x坐标增加5，也就是飞机

向右移动；在x坐标大于−240的情况下，每次按下左移键，将x坐标增加−5，也就是飞机左移。如果碰到蝗虫，并且变量"飞机是否在爆炸"等于"否"，广播"击中飞机"消息。

第3步

当接收到"击中飞机"消息，切换飞机的造型，将变量"生命数"减1。

如果变量"飞机是否在爆炸"为

"否"，设置"飞机是否在爆炸"为"是"，播放"击中飞机"音效，通过切换造型，来表现飞机爆炸的效果。将变量"生命数"减1，表示损失掉一架飞机，调用自制积木"显示还剩几条命"，刷新舞台右上角飞机架数的显示。如果"生命数"等于0，隐藏角色，广播"游戏结束"消息；否则，将变量"飞机是否在爆炸"设置为"否"，将变量"等级"减1，广播消息"下一级"。

切换造型为"飞机"。调用积木"显示还剩几条命"在舞台右上角显示剩余飞机架数。将飞机移动到屏幕底部中央。设置变量"飞机是否在爆炸"为"否"。显示角色。

第4步

当接收到"下一级"消息，刷新角色。

第5步

当按下空格键，创建子弹的克隆体。

如果"子弹数量"小于"最多子弹数量"，并且造型编号等于1，那么克隆子弹。

5. 子弹角色

造型

子弹的造型如下。

声音

这个角色只有一个声音效果，就是当生成子弹时，开始播放"飞机开火"的音效。

脚本

点击绿色旗帜开始程序后，调整子弹方向，隐藏角色。

当作为克隆体启动时，设置"子弹"克隆体的移动轨迹和音效。

将克隆体移动到飞机的位置。显示"子弹"克隆体。将变量"子弹数量"增加1。播放"飞机开火"的音效。将子弹克隆体向上滑行出舞台边界。将变量"子弹数量"减1。删除这个克隆体。

当作为克隆体启动时，碰到"蝗虫"时，重复执行下面的代码。如果碰到角色"蝗虫"，等待0.1秒，将变量"子弹数量"减1，删除这个克隆体。这里设置等待0.1秒，是为了有足够的时间让蝗虫去判断自己被击中，如果没有等待，将会影响到展现效果。

当接收到消息"下一级"，清除所有的"子弹"克隆体。

6. 蝗虫角色

造型

为了让游戏看上去更生动，我们设计了两种蝗虫，每种蝗虫有5种形态，分别是：打开翅膀、合上翅膀、爆炸1、爆炸2和爆炸3。

声音

我们设计了两个声音效果，分别是蝗虫飞行时的音效和蝗虫被子弹消灭时的音效。

脚本

在这个角色中，我们自己制作了3个新的积木，其中2个用于移动蝗虫的位置，一个用于扔炸弹。并且这里定义了一个角色变量"蝗虫克隆体"，用于记录这是第几个克隆出来的"蝗虫"。

第1步

自制积木"滑行到第一个位置"，它的参数名是"第几个克隆体"。它会根据参数值来切换角色的造型，当参数小于20，造型为"蝗虫1合上翅膀"，当参数大于等于20，造型切换为"蝗虫2合上翅膀"。然后滑行角色。

第2步

这个自定义脚本"滑行到第二个位置"和"滑行到第一个位置"的脚本基本相似，只是造型由合上变为打开，滑行到的位置也有所不同。

第3步

自定义脚本"扔炸弹"，当满足条件时，广播"生成炸弹"的消息。

如果角色的x坐标大于−150，那么将x坐标赋值给变量"下一个炸弹的x坐标"，将y坐标赋值给变量"下一个炸弹的y坐标"，然后广播"生成炸弹"的消息。

 小贴士　　为了让游戏简单一些，我们设置炸弹范围是x坐标大于−150，如果你有信心挑战更高难度，可以把这个条件去掉。

第4步

当作为蝗虫克隆体启动时，碰到子弹，蝗虫会爆炸，并且加分。

```
当作为克隆体启动时
重复执行
  如果  碰到 子弹 ?  那么
    将 剩下的蝗虫数量 增加 -1
    播放声音 杀死蝗虫
    如果  蝗虫克隆体 < 20  那么
      换成 蝗虫1爆炸1 造型
    否则
      换成 蝗虫2爆炸1 造型
    等待 0.1 秒
    下一个造型
    等待 0.1 秒
    下一个造型
    等待 0.1 秒
    将 本局得分 增加 50
    删除此克隆体
```

当作为克隆体启动时，会重复执行以下步骤：如果碰到子弹，将剩余蝗虫数减1，播放"杀死蝗虫"的音效，并且切换蝗虫爆炸的造型，然后将变量"本局得分"加上50，最后删除本克隆体。

第5步

当作为蝗虫克隆体启动时，设置克隆体的移动轨迹。因为代码比较长，我们分3部分来解释。

先为变量"蝗虫克隆体"赋值"第几个蝗虫"。然后将变量"第几个蝗虫"加1。如果是前19个蝗虫克隆体，将造型切换为"蝗虫1打开翅膀"，并且克隆体移到屏幕外的左上方；如果大于19，将造型切换为"蝗虫2打开翅膀",并且克隆体移到屏幕外的右上方。显示克隆体。将克隆体从上向下滑行。并且根据随机数扔炸弹。然后用1秒钟时间,将克隆体滑行到屏幕上方中央位置。然后调用自定义的积木"滑行到第一个位置",参数就是变量"蝗虫克隆体"。

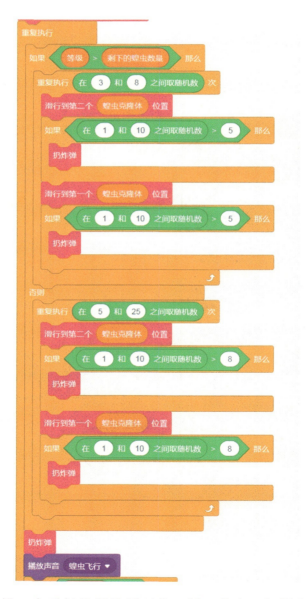

接下来,是一个重复执行的循环体。循环体内,根据变量"等级"和

"剩下的蝗虫数量"来决定滑行轨迹和扔炸弹的频次。循环结束后，扔炸弹，播放"蝗虫飞行"的音效。

```
如果  蝗虫克隆体 < 20  那么
    换成  蝗虫1打开翅膀 ▾  造型
否则
    换成  蝗虫2打开翅膀 ▾  造型

如果  x坐标 > 0  那么
    重复执行直到  方向 = 180
        右转 ↻ 5 度
        将y坐标增加 -1
    扔炸弹
    在 2 秒内滑行到 x: 在 -230 和 -200 之间取随机数 y: 在 -10 和 10 之间取随机数
    扔炸弹
    等待 0.1 秒
    在 2 秒内滑行到 x: 在 0 和 230 之间取随机数 y: -190
否则
    重复执行直到  方向 = 180
        左转 ↺ 5 度
        将y坐标增加 -1
    扔炸弹
    在 2 秒内滑行到 x: 在 200 和 230 之间取随机数 y: 在 -10 和 10 之间取随机数
    扔炸弹
    等待 0.1 秒
    在 2 秒内滑行到 x: 在 -230 和 0 之间取随机数 y: -190
将y坐标设为 190
滑行到第一个  蝗虫克隆体  位置
```

设置蝗虫向下俯冲飞行的轨迹，并释放炸弹，这部分内容有点复杂，读者可以直接跳过。代码具体含义如下。

如果蝗虫数量少于20，切换为"蝗虫1打开翅膀"造型，否则，切换为"蝗虫2打开翅膀"造型。如果x坐标大于0，向右旋转，扔炸弹，向左下方滑行2秒，扔炸弹，等待0.1秒后，然后向右下方滑行直到飞出底边；如果x坐标小于0，向左旋转，扔炸弹，向右下方滑行2秒，扔炸弹，等待0.1秒后，然后向左下方滑行直到飞出底边。将克隆体的y坐标设置为190。将克隆体重新从上方"滑行到第一个位置"。

第6步

当点击绿色旗帜，调整角色的方向和造型，隐藏角色。

第7步

当接收到"下一级"消息时，删除屏幕上所有的"蝗虫"克隆体。因为"蝗虫"的克隆体不会自动消失，所以要手工清除一下。

7. 炸弹角色

造型

炸弹造型如下所示。

声音

无

脚本

第1步

当点击绿色旗帜时，调整角色方向，隐藏角色。

第2步

当"炸弹"克隆体启动时，设置移动轨迹。

将炸弹移动到x坐标为"下一个炸弹的x坐标"变量和y坐标为"下一个炸弹的y坐标"变量的位置，这两个变量是在蝗虫角色中自定义的"扔炸弹"积木中设置的。指定方向。显示"炸弹"克隆体。将变量"炸弹数量"加1。在指定时间内，将克隆体从上到下滑行，直到超出界面。将炸弹数量减1。删除本克隆体。

第3步

当"炸弹"克隆体启动时，如果击中飞机，广播消息，删除克隆体。

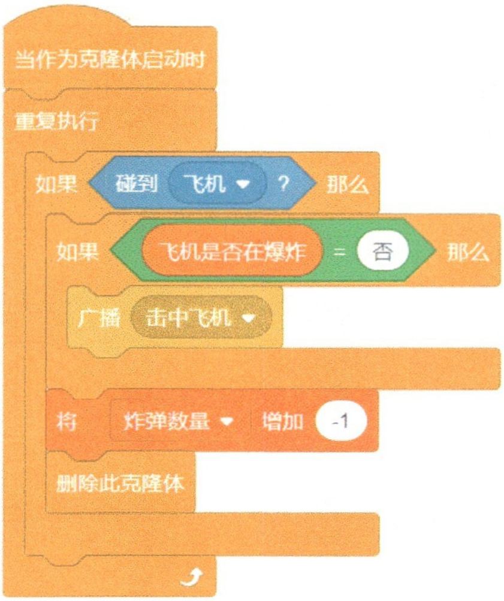

重复执行如下操作。如果碰到"飞机"，执行如下操作。如果变量"飞机是否在爆炸"为"否"，广播"击中飞机"消息。将变量"炸弹数量"减1。删除本克隆体。

当接收到消息"下一级"，清除所有的"炸弹"克隆体。

8. 游戏结束角色

造型

该角色的造型是一行红色的大字。

脚本

当点击绿色旗帜时，隐藏角色。

当接收到"游戏结束"消息，展示游戏结束画面。

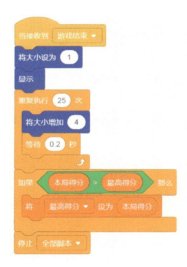

设定角色大小为原始尺寸的1%。显示角色。重复执行25次放大角色的过程。如果变量"本局得分"大于"最高得分"，那么将"最高得分"设置为"本局得分"。最后会停止全部脚本。

9. 星空1角色

造型

"星空1"和"星空2"都是为了渲染黑色背景的小白点，看上去就像夜空中的星星。"星空1"有3个造型，如下所示。

脚本

第1步

当点击绿色旗帜时，角色后移，重复执行从上到下移动。

第2步

当点击绿色旗帜时，重复执行随机切换造型。

10. 星空2角色

造型

"星空1"和"星空2"都是为了渲染黑色背景的小白点，看上去就像夜空中的星星。"星空2"有3个造型，如下所示。

脚本

第1步

当点击绿色旗帜时，当"星空1"的 y 坐标不小于1就一直等待，如果小于1，重复执行从上到下移动。"星空2"角色要根据"星空1"角色的位置来移动。

```
当 ▶ 被点击
    后移 ▾ 100 层
隐藏
等待 1 秒
等待   星空1 ▾ 的 y坐标 ▾ < 1
显示
重复执行
    移到 x: 0 y: 190
    在 6 秒内滑行到 x: 0 y: -190
```

第2步

当点击绿色旗帜时，重复执行随机切换造型。

```
当 ▶ 被点击
重复执行
    等待 在 1 和 4 之间取随机数 秒
    下一个造型
```

至此，这个比较复杂的游戏终于完成了，读者可以自己试着玩一玩，充分感受一下这个游戏的魅力。大家也可以试着在"等级"角色的脚本中，调整变量"最多蝗虫数量"、"最多炸弹数量"和"最多子弹数量"的值，让游戏变得更加容易或者更难，让自己的子弹火力更强。

第 7 章
泡泡龙

本章介绍用 Scratch 3.0 编写泡泡龙游戏。

7.1 游戏简介

　　泡泡龙是一款经典的射击类小游戏。在本章中，我们用Scratch 3.0来编写一个简单版本的泡泡龙。玩家用鼠标移动枪口控制瞄准，左键点击发射子弹。当至少3个相同颜色的泡泡连在一起时，就可以消除掉相同颜色的泡泡。最初，我们有5颗子弹。只要发射的子弹能够消除泡泡，就不会减少子弹的数量。但是如果发射的子弹没有消除泡泡，就会损失一颗子弹。当5颗子弹用完后，就会从上方出现一排新的泡泡，并且会新增5颗子弹。当消除了全部的泡泡后，玩家就取得胜利。但是，如果屏幕上的泡泡超过了指定高度，就宣布玩家失败。另外，为了增加游戏的趣味性，我们设置了一些外挂功能。例如，按下F键，就可以填满5颗子弹，而且不会有新的泡泡落下；按下空格键，就可以切换一个泡泡的颜色；按下H键，可以把瞄准器关闭；按下S键，可以把瞄准器打开。

　　因为我们主要是介绍游戏编写技巧，所以尽量让游戏的逻辑简单一些，我们只会考虑消除横着或者竖着连接的泡泡，而不考虑消除斜对角线上连着的泡泡。

这款游戏包含10个角色，分别是泡泡、泡泡枪、子弹、目标方向、瞄准器、子弹的影子、边框、结束、开始界面和开始按钮。

- 角色泡泡是这款游戏的主角，游戏的目标就是消除所有出现的泡泡。并且，发射的子弹也属于泡泡这个角色。

- 角色泡泡枪，用来控制子弹的发射角度。

- 角色子弹，用来表示剩余的子弹数量。

- 角色目标方向，主要是协助泡泡枪以调整角度。

- 角色瞄准器，主要是为了预判发射出去的泡泡运行的线路。

- 角色子弹的影子，它会跟随发射出的子弹一起运动，用于计算和泡泡之间的距离。

- 角色边框，设置了泡泡存在的空间。

- 角色结束，当游戏结束后，用来展示胜利或失败的信息。

- 角色开始界面，是在游戏开始时展现的画面。

- 角色开始按钮，点击后启动游戏。

下面我们会分别介绍每种角色的造型、声音和脚本。

另外，我们还创建了许多变量和列表，它们都是隐藏的。

- 剩余几颗子弹：表示剩余子弹数。

- 游戏结束：表示游戏是否结束，失败还是胜利。

- 停止移动：控制子弹是否移动。

- 初始化进行中：判断屏幕初始化是否完成。

- 等待发射：判断是否进入发射阶段，在等待鼠标按下的状态。

- 发射球：表示发射的子弹。

- 发射球停留位置：表示发射的子弹在列表"矩阵"中的位置。

- 待删除位置：表示等待消除的泡泡在列表"矩阵"中的位置。

- 立刻爆炸：用于判断是否击打出彩球，如果出现彩球，将这个变量设置为1，表示无论是否连接成功，都要消除。

- 方向值：记录子弹方向的一个临时变量。

- 比较球：用于遍历列表"待消列表"的临时变量。

- 克隆等待期间：判断克隆泡泡是否完成创建。

- 克隆球位置：克隆泡泡在列表"矩阵"中的位置。

- 克隆计数：用于记录生成角色"子弹"克隆体。

- 计数器1：用于循环中的临时变量。

- 计数器2：用于循环中的临时变量。

还有2个列表，分别是。

- 矩阵：用于记录每个泡泡的位置以及泡泡颜色。

- 待消列表：记录等待消除的泡泡在列表"矩阵"中的位置。

7.2　游戏编程

1. 背景

造型

我们放了一张图片作为游戏的背景。

2. 开始界面角色

造型

这里是游戏的启动界面。

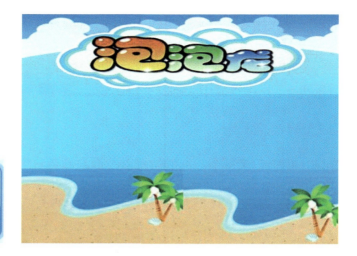

脚本

这个角色只有2段脚本。

第1步

当点击绿色旗帜时，将角色移到最前面，然后向后移1层，也就是要放在角色"开始按钮"的后面。然后显示角色。

第2步

当接收到"开始游戏"消息后，隐藏角色。"开始游戏"消息是由角色"开始按钮"广播的。

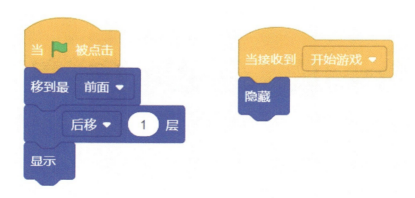

3. 开始按钮角色

造型

开始按钮的造型如下所示。

这个角色有2段脚本。

脚本

第1步

当点击绿色旗帜后，将角色移到最前面，显示角色。

第2步

当点击该角色后，广播消息"开始游戏"，然后隐藏角色。

4. 边框角色

造型

边框角色的造型如下。

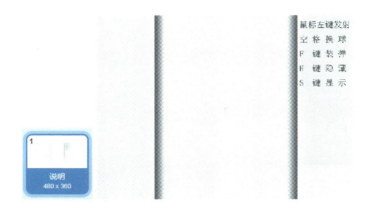

这个角色配合背景显示，它主要作用是设置了泡泡出现的范围以及子弹的活动范围，在右上方，提示了游戏的外挂按键。

脚本

只有一段脚本，就是接收到消息"开始游戏"后，将角色移动到屏幕中央，显示角色。

5. 子弹角色

这个角色主要用来显示还剩下多少颗子弹。

造型

子弹角色只有1个造型。

脚本

子弹有两段代码。

第1步

当点击绿色旗帜后，显示角色。将角色移到指定位置，这是为了配合背景图，显示在装弹槽里。然后将变量"克隆计数"设置为1，将"剩余几颗子弹"设置为5。设置角色大小为70。重复执行如下代码4次：将变量"克隆计数"加1，克隆自己。这样就会创建4个克隆体。然后当变量"游戏结束"等于0不成立的时候，隐藏角色。

当 🏴 被点击

显示

移到 x: -215 y: -138

将 克隆计数 ▼ 设为 1

将 剩余几颗子弹 ▼ 设为 5

将大小设为 70

重复执行 4 次

　　将 克隆计数 ▼ 增加 1

　　克隆 自己 ▼

等待 〈 游戏结束 = 0 〉 不成立

隐藏

　　　　如果想要"作弊"，可以在这里将"剩余几颗子弹"的初始值设置改大一些，尝试一下把"剩余几颗子弹"改为500，那样就再不用担心从屏幕上方掉下新的泡泡了，因为短时间内剩余子弹不会小于0。

第2步

　　当作为克隆体启动时，将 x 坐标增加 〔克隆计数 - 1 * 30〕，这样就会根据变量"克隆计数"来调整克隆体的坐标。将变量"克隆计数"赋值给变量"克隆值"。然后只要变量"游戏结束"等于0的条件成立时，就重复执行如下语句：如果变量"剩余几颗子弹"小于变量"克隆值"，隐藏角色，否则显示角色。通过这个循环语句，就可以决定要显示几颗子弹。当有5颗剩余子弹时，会显示4个克隆体，还有1颗子弹会加载到泡泡枪上。如果有3颗子弹，那么会显示2个克隆体，1颗子弹会加载到泡泡枪上。

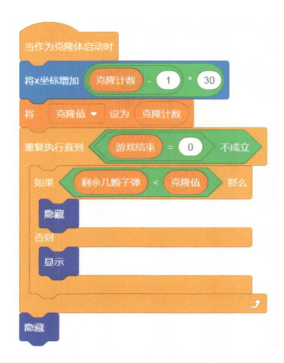

6. 目标方向角色

这个角色是为了帮助"泡泡枪"角色控制方向，是一个功能性角色，因为它始终隐藏，所以任意造型均可。

目标
2×2

脚本

当接收到消息"开始游戏"后，移动到指定位置，也就是泡泡枪的位置。隐藏角色。重复执行，让角色面向鼠标指针。

7. 泡泡枪角色

造型

泡泡枪角色只有1个造型。

脚本

当点击绿色旗帜后，将"泡泡枪"角色移动到指定位置。大小设置为60，面向90方向。只要变量"游戏结束"等于0这个条件成立，也就是游戏结束之前，就重复执行如下代码。

如果角色"目标方向"的方向在–60到60之间，让该角色面向"鼠标指针"。否则，如果角色"目标方向"的方向大于60，角色"泡泡枪"面向60的方向；如果角色"目标方向"的方向小于60，角色"泡泡枪"面向–60的方向。通过这个循环语句，我们可以设置泡泡枪的射击角度。在一定范围内，泡泡枪的旋转角度是和鼠标一致的，但是当角度超出一定范围后，泡泡枪就不再随着鼠标移动了。

当循环结束后，也就是游戏结束了，隐藏角色。

```
当 ▶ 被点击
显示
移到 x: 0 y: -130
将大小设为 60
面向 90 方向
重复执行直到  游戏结束 = 0  不成立
    如果  目标方向 ▼ 的 方向 ▼ < 60  与  目标方向 ▼ 的 方向 ▼ > -60  那么
        面向 鼠标指针 ▼
    否则
        如果  目标方向 ▼ 的 方向 ▼ > 60  那么
            面向 60 方向
        否则
            面向 -60 方向
隐藏
```

8. 瞄准器角色

这个角色根据"泡泡枪"的旋转，画出子弹的运行轨迹。它也是一个功能性角色，因为始终隐藏，所以任意造型均可。

造型

脚本

这个角色中，有2段脚本。

第1步

第1段脚本是自制的积木，用于画虚线。这里使用自制积木，目的是为了不显示画虚线的过程。所以当我们制作新的积木时，要选中"运行时不刷新屏幕"这个选项。如果没有选中这个选项，就会看到虚线在不停地闪烁。

我们来看一下这个名为"画虚线"的自制积木的代码。首先要把画笔全部擦除。然后将角色移动到指定位置。面向角色"泡泡枪"的方向。然后判断是否满足任意一个条件：y坐标大于60，或者x坐标小于–110，或者x坐标大于110。任何一个条件不满足之前，重复执行如下语句。

落笔，移动3步，抬笔，移动10步。

通过这个循环，就可以在指定范围内，根据泡泡枪的方向，画出相应的虚线。

第2步

画出瞄准线。由于这段代码有点长，我们分3部分介绍。

当点击绿色旗帜后，隐藏角色，将画笔的粗细设定为5。将变量"显示画笔"设置为1，表示默认显示瞄准线。

然后进入循环。只要变量"游戏结束"等于0这个条件成立，也就是游戏结束前，就重复执行以下代码。

在变量"剩余几颗子弹"等于0这个条件成立时，等待；当条件不成立，继续下面的代码。如果变量"等待发射"等于1，就执行下面的代码，变量"等待发射"是在角色"泡泡"中设置的。如果按下h键，将变量"显示画笔"设置为0，表示不显示瞄准线；否则，如果按下s键，将变量"显示画笔"设置为1，表示显示瞄准线。如果变量"显示画笔"等于0，擦除所有画笔，表示停止显示瞄准线。否则，将笔的亮度设置为−10，然后根据变量"发射球"的值，设置画笔颜色。我们会在角色"泡泡"中设置变量"发射球"的值。然后将画笔亮度设置为80，向后移100层，保证画线在底层。然后调用自制积木"画虚线"。

当循环结束后，也就是程序结束了，擦除全部画笔痕迹，隐藏角色。

9. 子弹的影子角色

这个角色会跟随发射出的子弹一起运动，用于计算子弹和泡泡之间的距离。它也是一个功能性角色，因为始终隐藏，所以采用任意造型均可。

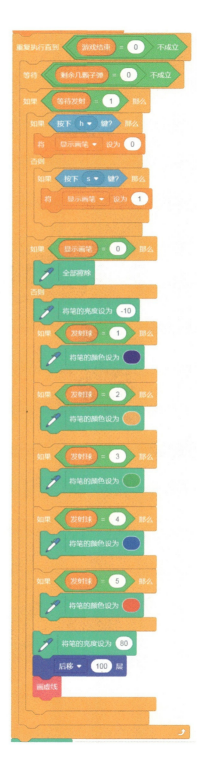

造型

脚本

这个角色中，有1段脚本。

当接收到消息"开始游戏"后，隐藏角色。然后重复执行，将角色"子弹的影子"移到角色"泡泡"上。

10. 泡泡角色

造型

泡泡有6个造型。其中第5个造型是常规泡泡，第6个泡泡是彩蛋，我们会在解释代码的过程中说明它们的使用情况。

声音

声音是本地上传的发射泡泡和消除泡泡的音效，分别名为"消除"和"发射"。

脚本

这是我们游戏的主角，所以代码会比较多，一共有7段代码。其中有两段代码是自制积木，我们先来介绍它们。

第1步

我们给这个自制积木起名为"初始化"。它会创建在屏幕上显示的泡泡，并且记录所有已出现和未来可能出现的泡泡的位置，并将这些位置存放在列表"矩阵"中。

首先将变量和列表初始化。然后隐藏角色。将角色移动到指定位置，也就是"边框"角色的左上角。设定角色的大小为45。因为要在屏幕上生成4行泡泡，所以重复执行4次循环，我们把它叫作"大循环"。因为每行有12个泡泡，所以接下来是一个重复12次的循环，我们把它叫作"小循环"。在循环体中，将"泡泡"的造型随机切换为编号，编号是1到5之间的一个数字，然后把造型编号存储到列表"矩阵"中。接下来克隆自己，也就是创建一个"泡泡"克隆体。将x坐标增加20。当"小循环"结束后，要为下一行泡泡放置做准备，将x坐标重新放到角色"边框"的左边，将y坐标下移20个单位。然后开始下一次"大循环"。当"大循环"结束后，我们就在屏幕上创建了4行，每行12个泡泡。然后将变量"克隆等待期间"设置为1。接下来会重复执行同样的代码96次，就是将0插入到列表"矩阵"中。通过这个循环，将还没有在屏幕上出现但是未来可能会出现在屏幕上的泡泡，都在列表"矩阵"中分配了位置。将变量"初始化进行中"设置为1，表示完成了初始化。

同一行之中的12个泡泡的 x 坐标分别是 {−110，−90，−70，−50，−30，−10，10，30，50，70，90，110}。

4行泡泡的 y 坐标分别是 {160，140，120，100}。

第2步

这个自制积木叫"创建消除列表"，这个积木带有一个叫作"发球"的参数。

删除"待消列表"的全部项目。将参数"发球"加入到"待消列表"。我们将把所有两个颜色相同的泡泡的位置都记录到"待消列表"中。将变量"计数器2"设置为1，这是下面循环会用到的一个临时变量。在变量"计数器2"大于"待消列表"前，重复执行如下代码。

将"待消列表"中的第"计数器2"项赋值给变量"比较球"。然后判断"比较球"除以12的余数是否等于1，如果不成立，表示不是最左边的泡泡。接下来判断"矩阵"中第"比较球"项和"矩阵"中第"比较球−1"项是否相等，如果相等，表示这个泡泡和左边的泡泡颜色一致。当上述两个条件都满足时，继续判断"待消列表"中是否已经包含了"比较球−1"这个值，如果该条件不成立，表示"待消列表"中没有对应值，那么将"比较球−1"插入到"待消列表"中，表示这是一个要消除的泡泡。

然后判断"比较球"除以12的余数是否等于0，如果不成立，表示不是最右边的泡泡。接下来判断"矩阵"中第"比较球"项和"矩阵"中第"比较球+1"项是否相等，如果相等，表示这个泡泡和右边的泡泡颜色一致。当上述两个条件都满足时，继续判断"待消列表"中是否已经包含了"比较球+1"这个值，如果不成立，表示"待消列表"中没有对应值，那么将"比较球+1"插入到"待消列表"中。

然后判断"比较球"减12是否大于0，如果成立，表示不是第1行的泡泡。接下来判断"矩阵"中第"比较球"项和"矩阵"中第"比较球−12"项是否相等，如果相等，表示这个泡泡和上边的泡泡颜色一致。当上述两个条件都满足后，继续判断"待消列表"中是否已经包含了"比较球−12"这个值，如果不成立，表示"待消列表"中没有对应值，那么将"比较球−12"插入到"待消列表"中。

然后判断"比较球"加12是否小于145，如果成立，表示不是最后一行的泡泡。接下来判断"矩阵"中第"比较球"项和"矩阵"中第"比较球+12"项是否相等，如果相等，表示这个泡泡和下边的泡泡颜色一致。当上述两个条件都满足后，继续判断"待消列表"中是否已经包含了"比较球+12"这个值，如果不成立，表示"待消列表"中没有对应值，那么将"比较球+12"插入到"待消列表"中。

接下来将变量"计数器2"加1，然后进入下一轮循环。

当点击绿色旗帜后，调用自制积木"初始化"。这段代码在屏幕上创建了泡泡。

这段代码是处理子弹发射及判断哪些泡泡要消除。代码有点长，我们分3部分介绍。

当接收到消息"开始游戏"后，判断变量"初始化进行中"是否等于1，如果不满足条件，要等待直到满足条件，才会继续执行下面的代码。然后在变量"游戏结束"等于0这个条件成立的情况下，重复执行以下代码，当条件不成立时，循环结束。也就是游戏结束后，这个循环才会结束。下面介绍循环体中的内容。

如果变量"剩余几颗球"等于0这个条件成立，会等待，只有条件不成立时，才会继续执行下面代码。将角色移动到泡泡枪的位置，充当我们的子弹。将角色移到最前面，然后后移一层。切换造型的造型编号为1到5之间的一个随机数，表示我们的子弹是紫色、橙色、绿色、蓝色或红色的任意一种。然后将造型编号赋值给变量"发射球"，画瞄准线的时候，就是根据这个变量来设置颜色。将变量"等待发射"设置为1，表示等待按下鼠标来发射子弹。显示角色。

在按下鼠标或空格键之前等待，如果按下鼠标或者空格键，继续执行下面的代码。如果按下的是空格键，将角色造型切换为造型编号是1到5之间的一个随机数。将变量"发射球"设置为造型编号。表示当玩家按下空格键后，可以更换子弹颜色。如果按下的是鼠标，将变量"进行中"设置为0。然后擦除全部画笔。接下来让"泡泡"角色的方向面向"泡泡枪"的方向。将变量"停止移动"设置为0，这个变量决定了子弹是否移动，一旦这个变量为1，角色就不再移动了。然后播放声音"发射"。

接下来当变量"停止移动"等于1或者y坐标>160这两个条件都不满足时，执行循环。变量"停止移动"等于1表示移动不再进行。y坐标大于160，表示超过最上面泡泡的高度。只要满足任意一个条件，就表示子弹不再移动，循环也就结束了。循环体中，如果条件x坐标小于−110或x坐标大于110成立，将角色的方向赋值给变量"方向值"。然后让角色面向 (-1 · 方向值)。这个条件语句的含义就是，如果x坐标超过角色"边框"设置的范围，那么角色移动的轨迹就要朝相反方向移动，也就是反弹，它有点类似于积木"碰到边缘就反弹"。然后移动20步，结束当前循环体。这个循环实现了子弹的移动。

循环结束后，将角色移到 移到x: 四舍五入 ((x坐标 − 10) / 20) · 20 + 10 y: 向下取整 (y坐标 / 20) · 20。将x坐标减去10除以20的值做四舍五入后，再乘以20加上10，这样的目的就是修正x坐标，让它对应到12个泡泡中的某一个x坐标值。通过将y坐标除以20的值向下取整后，再乘以20，修正y坐标，让它对应到泡泡的某一行y坐标值。然后克隆自己，创建一个克隆体。

将变量"发射球停留位置"设置为 `12 × (8 - (y坐标 / 20)) + (7 + (x坐标 / 10) / 20)`。这个变量表示角色的当前位置属于"矩阵"中第几个泡泡的位置。第1行泡泡的 y 坐标是160，之后每行泡泡的 y 坐标递减20。所以 `8 - (y坐标 / 20)`，可以得到是第几行泡泡。然后乘以每行的泡泡数12，就得到上一行最后一个泡泡的位置。第1列泡泡的 x 坐标是 -110，之后每个泡泡的 x 坐标递增20。所以 `7 + (x坐标 / 10 / 20)` 就可以得到当前泡泡是第几列泡泡。两者相加，就可以得到当前泡泡在列表"矩阵"中是第几个泡泡。

然后判断列表"矩阵"中第"发射球停留位置"项是否为0，如果条件成立，表示这个位置当前没有泡泡，将变量"立刻爆炸"设置为0，将列表"矩阵"中第"发射球停留位置"项设置为角色的造型编号。如果该条件不成立，那么意味着当前的位置已经有对应的泡泡，将变量"立刻爆炸"设置为1，将列表"矩阵"中第"发射球停留位置"项设置为角色的造型编号，然后将造型换成"花"，表示这是一个超级泡泡。对于超级泡泡来说，无论是否构成3个相连的泡泡，都会消除当前位置的泡泡。

然后判断 y 坐标是否小于 -79，如果条件成立，表示泡泡的位置已经低于指定范围，玩家已经失败了，将变量"游戏结束"设置为1。如果条件不成立，调用自制积木"创建消除列表"，并且将变量"发射球停留位置"作为参数。通过调用这个积木，可以得到有多少个相同造型的泡泡。

然后隐藏角色。

接下来判断列表"待消列表"的项目数是否大于2或变量"立刻爆炸"是否为1。如果列表"待消列表"的项目数大于2，表示有3个或3个以上相同颜色的泡泡。如果变量"立刻爆炸"为1，表示这个子弹已经成为超级泡泡。上述两个条件，只要有一个满足，就进入到消除泡泡的环节。

将变量"计数器2"设置为0。将循环次数设置为"待消列表"的项目数，也就是要把"待消列表"中所有项目都会遍历一次。在循环体中，将变量"计数器2"加1。播放声音"消除"。等待0.2秒后，将"待消列表"的"计数器2"项的值赋值给变量"待删除的位置"。将列表"矩阵"的"待删除的位置"项替换为0。这样，在矩阵中把泡泡对应的位置已经清空。后面我们会介绍"克隆启动时"的代码，那里会把变量"待删除的位置"所对应泡泡的克隆体删除。当循环结束后，把变量"待删除的位置"设置为0。

上述的两个条件，如果都不满足，表示不能消除泡泡。将变量"剩余几颗球"减1，表示消耗一颗子弹。把变量"待删除的位置"设置为0。

最后，当游戏结束后，将角色隐藏。

第5步

当点击绿色旗帜后，就会一直判断是否还有子弹，如果没有子弹，就会新增一行泡泡，并且将子弹填满。

在变量"游戏结束"等于0这个条件成立前，执行下面的代码。也就是游戏结束前，一直执行循环。

如果变量"剩余几颗球"等于0，也就是没有了子弹，那么将变量"克隆等待时间"设置为0。将"泡泡"角色移到指定位置，也就是第1行第1列泡泡的位置。

然后重复12次循环，在列表"矩阵"的第1项插入0，而将"矩阵"的最后1项删除。这个循环表示在列表前面加入12个项目，在列表后面删除了12个项目，列表的项目总数不会变化。

然后将变量"计数器1"设置为0。

再执行一个重复12次的循环。在循环体中，将造型切换为造型编号1到5的随机数。克隆自己。将变量"计数器1"加1，然后将矩阵的第"计数器1"项设置为造型编号。通过这个循环，就创建了新增的第一行泡泡的克隆体，并且将克隆体的颜色存储到了矩阵中。

循环结束后，将变量"剩余几颗球"设置为5，表示装满子弹。将变量"克隆等待期间"设置为1。隐藏角色。

第6步

当接收到"开始游戏"消息后，会一直判断是否按下f键。如果按下，表示想要装满（Fill）子弹，那么将变量"剩余几颗球"设置为5。这个功能会让游戏简单很多，因为只要有子弹，就不会有新的泡泡产生。

第7步

当作为克隆体启动时，判断克隆体和子弹的距离，当距离小于某个范围时，停止子弹的移动。然后判断是否能够删除此克隆体。

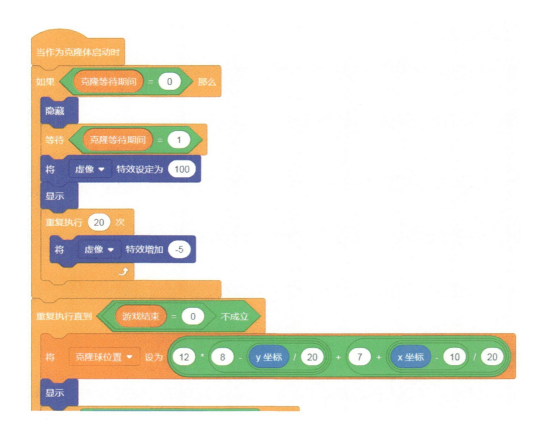

如果变量"克隆等待期间"等于0，隐藏克隆体，直到变量"克隆等待期间"等于1，才会继续执行下面的代码。我们会在生成泡泡克隆体时，将变量"克隆等待期间"设置为0，当完成了泡泡的克隆动作后，再将该变量设置为1。将虚像特效设置为100，显示角色。重复20次，每次将虚像特效减5。

只要变量"游戏结束"等于0这个条件成立，就执行下面的代码；也就是游戏结束前，就一直执行循环。

将变量"克隆球位置"设置为 12 · 8 · y坐标 / 20 + 7 + x坐标 - 10 / 20 。也就是得到当前泡泡克隆体是全部泡泡中的第几个泡泡。在前面第4步的代码中，我们曾经介绍过这个计算公式。

然后显示角色。

如果克隆体到角色"子弹的影子"距离小于17.5，表示这个克隆体距离子弹的距离也小于17.5，所以会将变量"停止移动"设置为1，让子弹不再移动。使用17.5这个距离，是因为两个球圆心之间的坐标最小可能是17.3，所以比这个距离稍大一点就可以了。在前面第4步代码中我们介绍过，利用变量"停止移动"来停止子弹的移动。

如果 y 坐标小于-79，设置变量"游戏结束"为1，表示克隆球已经超过范围，玩家失败，游戏结束。

接下来判断列表"矩阵"的第（"克隆球位置"-11）项是否等于0，列表"矩阵"的第（"克隆球位置"-12）项是否等于0，以及列表"矩阵"的第（"克隆球位置"-13）项是否等于0。"矩阵"的第（"克隆球位置"-11）项表示克隆体的右上角，如果"矩阵"中对应的该项目为0，表示右上角没有泡泡。"矩阵"的第（"克隆球位置"-12）项表示克隆体的上方，如果"矩阵"中对应的项目为0，表示上方没有泡泡。"矩阵"的第

（"克隆球位置"-13）项表示克隆体的左上角，如果"矩阵"中对应的项目为0，表示左上角没有泡泡。如果3个条件全部满足，等待0.1秒。然后判断变量"待删除的位置"是否为0，如果为0，继续往下执行，否则等待。然后会重复10次，将克隆体的大小减5，也就是有一种从大到小的感觉。将列表"矩阵"的第"克隆球位置"项替换为0，播放声音"消除"，然后删除此克隆体。

接下来判断列表"矩阵"的第（"克隆球位置"-13）项是否等于0，列表"矩阵"的第（"克隆球位置"-12）项是否等于0且x坐标是否等于110。"矩阵"的第（"克隆球位置"-13）项表示克隆体的左上角，如果"矩阵"中对应的项目为0，表示左上角没有泡泡。"矩阵"的第（"克隆球位置"-12）项表示克隆体的上方，如果"矩阵"中对应的项目为0，表示上方没有泡泡。x坐标等于110，表示在最右边。如果3个条件全部满足，会删除克隆体。

接下来判断列表"矩阵"的第（"克隆球位置"－11）项是否等于0，列表"矩阵"的第（"克隆球位置"－12）项是否等于0且x坐标是否等于－110。"矩阵"的第（"克隆球位置"－11）项表示克隆体的右上角，如果"矩阵"中对应的项目为0，表示右上角没有泡泡。"矩阵"的第（"克隆球位置"－12）项表示克隆体的上方，如果"矩阵"中对应的项目为0，表示上方没有泡泡。x坐标等于－110，表示在最左边。如果3个条件全部满足，会删除克隆体。

接下来判断变量"待删除的位置"是否等于变量"克隆球位置"，如果满足条件，让克隆体逐渐变小，删除克隆体。在前面介绍的第4步的代码

中，清除了列表"矩阵"中泡泡对应的位置，这里才真正删除了泡泡的克隆体。

如果变量"剩余几颗球"等于0，表示所有泡泡的克隆体都要向下移动，将y坐标减少–20。将克隆球位置减12，因为前面会新增一行泡泡。在变量"剩余几颗球"等于0不再成立后，才会继续执行下面的代码。

当循环结束，也就是游戏结束后，将克隆体删除。

11. 结束角色

造型

结束角色有两个造型。

声音

从声音库中选择"clapping"作为胜利的音效，选择"bubbles"作为失败的音效。

脚本

第1步

这是一个自制积木，名为"结束游戏"。首先将角色大小设置为1，显示积木。然后重复执行20次如下代码：将大小增加10，将颜色特效增加10。循环结束后，等待20秒钟，然后隐藏角色，停止全部脚本。

第2步

这段代码判断游戏的胜负。

当接收到消息"开始游戏"，将角色移到屏幕中央稍微靠上的地方。将颜色特效设置为0。然后重复执行如下代码。

列表"矩阵"是否包含1或包含2或包含3或包含4或包含5，如果这几个条件都不成立，那么意味着矩阵中已经没有彩色的泡泡了，玩家已经消除了全部泡泡，就取得了胜利。然后将变量"游戏结束"设置为3，切换胜利的造型，播放声音"clapping"，调用自制积木"结束游戏"。

否则，如果变量"游戏结束"等于1，表示玩家失败。这时，切换失败的造型，播放声音"bubbles"，调用自制积木"结束游戏"。

到这里，我们的"泡泡龙"游戏就编写完成了。快来自己动手玩一玩吧！

正如本章开始所说，为了简化算法逻辑，我们没有考虑斜对角连线的情况。作为练习，留给大家自己思考并完成这一功能吧！

第8章
植物大战僵尸

　　"植物大战僵尸"是很多小朋友都喜爱的游戏。本章介绍如何用Scratch 3.0编写一个植物大战僵尸游戏。

8.1 游戏简介

　　植物大战僵尸是一款益智策略类单机游戏。玩家通过武装多种植物来切换攻击僵尸的不同功能，快速有效地把僵尸阻挡在入侵的道路上。这款游戏刚一推出，就受到了玩家的喜爱。在本章中，我们用Scratch 3.0来编写一个简单版本的植物大战僵尸。玩家积攒足够的阳光，通过左键点击植物卡片选中需要的植物，然后在草坪上再次点击左键，就可以种植各种植物，和入侵僵尸对抗。

　　这款游戏包含18个角色，分别是表示植物太阳花、豌豆射手、坚果、樱桃炸弹和火爆辣椒这5种卡牌，还有植物、太阳花、豌豆射手、坚果、火爆辣椒的火焰、阳光、豌豆子弹、僵尸、僵尸2、房子、开始界面、胜利界面和失败界面。

- 角色太阳花卡牌、豌豆射手卡牌、坚果卡牌、火爆辣椒卡牌和樱桃炸弹卡牌这5种类型的卡牌，提供了让玩家选择的植物类型。点击对应卡牌就表示选中相应的植物。

- 角色植物表示点击卡牌后，要生成的对应植物。

- 角色太阳花是一种植物，可以生成阳光。

- 角色豌豆射手是一种植物，可以生成攻击僵尸的豌豆子弹。

- 角色坚果是一种植物，可以阻挡并放缓僵尸的脚步。

- 角色火爆辣椒的火焰是一种武器，用火焰来攻击僵尸。

- 角色僵尸和僵尸2是玩家的敌人，当它通过了草坪攻击到房子，表示玩家失败了。

- 角色房子是敌人要攻击的目标。

- 角色开始界面是在游戏开始时展现的画面。

- 角色胜利界面是在游戏胜利时展现的画面。

- 角色失败界面是在游戏失败时展现的画面。

下面我们会分别介绍每种角色的造型、声音和脚本。

另外，我们还创建了 8 个变量。

植物的 X 坐标：种植植物时的 x 坐标，这是个隐藏变量。

植物的 Y 坐标：种植植物时的 y 坐标，这是个隐藏变量。

等待豌豆生成：生成豌豆子弹的间隔时间，这是个隐藏变量。

等待阳光生成：生成阳光的间隔时间，这是个隐藏变量。

获胜：是否获胜，1 表示胜利，0 表示没有胜利，这是个隐藏变量。

豌豆数：决定哪个豌豆射手生成豌豆子弹的系数，这是个隐藏变量。

阳光数：决定哪个太阳花生成阳光的系数，这是个隐藏变量。

阳光值：收集到的阳光值，只有足够的阳光值，才能种植植物，在舞台上显示它的监视器。

还有 4 个列表，分别是：

太阳花 x 坐标：表示种植太阳花的 x 坐标的列表。

太阳花 y 坐标：表示种植太阳花的 y 坐标的列表。

豌豆射手 X 坐标：表示种植豌豆射手的 x 坐标的列表。

豌豆射手 Y 坐标：表示种植豌豆射手的 y 坐标的列表。

8.2　游戏编程

1. 背景

造型

我们用草地作为游戏的背景，上面放置了用来摆放卡牌的框。

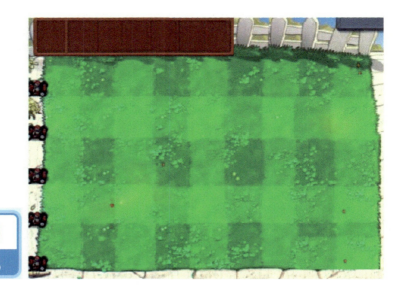

声音

我们设置了两种音效，分别是游戏的背景音乐和获胜后播放的音效。

脚本

第1步

程序启动时设置变量的初始值和背景音乐。

将变量"阳光值"设置为50，将"获胜"设置为"否"。重复执行以下代码。如果"获胜"的值没有变化，就一直播放背景音乐。

小贴士

如果想要"作弊"，可以在这里将"阳光值"的初始值设置改大一些，尝试一下把"阳光值"改为500，那样就不用眼巴巴地等着收集可怜的"阳光"了。

第2步

当接收到"游戏启动"消息时设置游戏的长度，当时间到了，广播"获胜"消息并播放音乐。

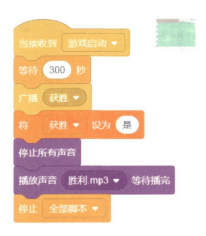

等待300秒，这是本局游戏的时间长度。300秒过后，广播消息"获胜"。将变量"获胜"设置为"是"，表示玩家获胜。停播所有声音，播放"胜利"音效。停止全部脚本。

小贴士

如果你觉得游戏时间太长，可以在这里修改游戏的时间长度，尝试一下把"300"改为"100"，看看会不会更容易获胜。

2. 开始界面角色

造型

这里是游戏的启动界面。

脚本

这个角色只有1段脚本，就是当点击绿色旗帜时，显示角色。按下空格键后，广播"游戏启动"消息，表示开始游戏。然后隐藏角色。

3. 太阳花卡牌角色

造型

太阳花卡牌只有1个造型。

脚本

将"太阳花卡牌"角色移动到指定位置。以下内容重复执行。如果在该卡牌上点击鼠标：如果阳光值大于等于50，广播消息"生成太阳花"；否则，提醒"没有足够的阳光值"。

4. 豌豆射手卡牌角色

造型

豌豆射手卡牌只有1个造型。

脚本

将"豌豆射手卡牌"角色移动到指定位置。当玩家在该卡牌上点击：如果阳光值大于等于100，广播消息"生成豌豆射手"；否则，提醒"没有足够的阳光值"。

215

5. 坚果卡牌角色

造型

坚果卡牌只有1个造型。

脚本

将"坚果卡牌"角色移动到指定位置。当玩家在该卡牌上点击：如果阳光值大于等于50，广播消息"生成坚果"；否则，提醒"没有足够的阳光值"。

```
当 🏳 被点击
移到 x: -91 y: 152
重复执行
    如果 碰到 鼠标指针 ▾ ? 与 按下鼠标? 那么
        如果 阳光值 > 50 或 阳光值 = 50 那么
            广播 生成坚果 ▾
        否则
            说 没有足够的阳光值 0.5 秒
```

6. 火爆辣椒卡牌角色

造型

火爆辣椒卡牌只有1个造型。

脚本

将"火爆辣椒卡牌"移动到指定位置。当玩家在该卡牌上点击：如果阳光值大于等于125，广播消息"生成火爆辣椒"；否则，提醒"没有足够的阳光值"。

7. 樱桃炸弹卡牌角色

造型

樱桃炸弹卡牌只有1个造型。

脚本

将"樱桃炸弹卡牌"角色移动到指定位置。当玩家在该卡牌上点击：如果阳光值大于等于150，广播消息"生成樱桃炸弹"；否则，提醒"没有足够的阳光值"。

8. 植物角色

造型

植物有6个造型。

声音

有两个本地上传的音效，表示"樱桃炸弹"爆炸的声音和"火爆辣椒"燃烧的声音。

脚本

这个角色中，一共有9段脚本。其中有两个自定义的积木，用于根据鼠标位置，定位到的变量"植物的*X*坐标"和"植物的*Y*坐标"。

第1步

鼠标的 x 坐标在某个范围内，就为变量"植物的 X 坐标"设置指定的值。

第2步

鼠标的y坐标在某个范围内，就为变量"植物的Y坐标"设置指定的值。

第3步

当接收到消息"生成太阳花"，如果满足条件，就会在草坪上种植一株太阳花。

当接收到"生成太阳花"消息，将植物角色的造型切换为"太阳花"，显示角色。接下来的内容会重复执行。角色会跟着鼠标移动。如果鼠标按下，并且是在草坪有效范围，那么继续执行下面内容。调用自制积木"设置Y坐标"设置变量"植物的Y坐标"的值，调用自制积木"设置X坐标"设置变量"植物的X坐标"的值。然后将角色移到X坐标为变量"植物的X坐标"，Y坐标为变量"植物的Y坐标"的指定位置。如果没有碰到红色或者"阳光"角色，将该角色移至最前面，克隆"太阳花"角色，隐藏"植物"角色，将变量"阳光值"减掉50，停止当前脚本。请注意，"生成太阳花"消息是由前面介绍的"太阳花卡牌"角色广播的。

小贴士　如果读者仔细观察，会发现我们在每个植物的造型上都涂抹了一点红色。放置植物的时候，会判断角色是否碰到红色，如果碰到，表示这个位置已经有了植物，不能再放置其他植物了。

第4步

当接收到"生成豌豆射手"消息，就会在草坪上种植一株豌豆射手。

当接收到"生成豌豆射手"消息时，将造型切换为"豌豆射手"，显示角色。接下来的内容和前面介绍的接收到"生成太阳花"消息的脚本类似，只是把克隆"太阳花"角色改为克隆"豌豆射手"角色，"阳光值"也从减少50改为减少100。请注意，"生成豌豆射手"消息是由前面介绍的"豌豆射手卡牌"角色广播的。

第5步

这个脚本与第3步和第4步类似，只是接收到"生成坚果"消息后，将造型切换为"坚果"，克隆"坚果"角色，阳光值减少50。

第6步

当接收到消息"生成火爆辣椒"，前面的代码和第3步中的代码类似，只是这次没有克隆角色。因为火爆辣椒的攻击是实时的一次性的，所以我们采用另一种表现方式：广播消息"生成火龙"，播放"火爆辣椒"燃烧的声音，说"我烧"，这次阳光值减少了125。

第7步

当接收到消息"生成樱桃炸弹"，前面的代码和第6步类似，只是这次将广播消息改为将造型切换为"樱桃炸弹爆炸"，然后播放"樱桃炸弹"爆炸的声音，说"我炸"，这次阳光值减少了150。

```
当接收到 生成樱桃炸弹 ▼

换成 樱桃炸弹 ▼ 造型

显示

重复执行
    移到 鼠标指针 ▼
    如果 按下鼠标? 那么
        如果 鼠标的x坐标 > -220 与 鼠标的x坐标 < 215 与 鼠标的y坐标 > -160 与 鼠标的y坐标 < 130 那么
            设置X坐标
            设置Y坐标
            移到 x: 植物的X坐标 y: 植物的Y坐标
            如果 碰到颜色 ● ? 或 碰到 阳光 ▼ ? 不成立 那么
                移到最 前面 ▼
                将 阳光值 ▼ 增加 -150
                等待 1 秒
                换成 樱桃炸弹爆炸 ▼ 造型
                播放声音 樱桃炸弹
                说 我炸 1 秒
                等待 1 秒
                隐藏
                停止 这个脚本 ▼
```

第8步

当点击绿色旗帜时，将角色大小设置为初始大小的百分之八十。

第9步

当点击绿色旗帜时，隐藏角色，并清除所有列表中的项目。

9. 太阳花角色

造型

太阳花只有1个造型。

声音

本地上传表示植物被僵尸吃掉时的音效。

脚本

当作为克隆体启动时，在指定位置放置角色。当碰到僵尸，太阳花会被吃掉。

当作为克隆体启动时

将 [植物的X坐标] 加入 [太阳花x坐标 ▼]

将 [植物的Y坐标] 加入 [太阳花y坐标 ▼]

将 [等待阳光生成 ▼] 设为 ([等待阳光生成] / 2)

移到 x: [植物的X坐标] y: [植物的Y坐标]

显示

重复执行
　如果 〈碰到 [僵尸 ▼]？ 或 碰到 [僵尸2 ▼]？〉 那么
　　播放声音 [吃植物.mp3 ▼]
　　说 [我被吃掉了]
　　等待 (1) 秒
　　删除此克隆体

　　当"太阳花"角色作为克隆体启动时，会将变量"植物的X坐标"存储到列表"太阳花x坐标"中，将变量"植物的Y坐标"存储到列表"太阳花y坐标"中。将变量"等待阳光生成"除以2，表示每种下一株"太阳花"，生成阳光的间隔时间就缩短一半。将角色移动到x坐标为"植物的X坐标"和y坐标为"植物的Y坐标"的位置。显示角色。以下代码会重复执行。如果碰到"僵尸"和"僵尸2"，会播放音效并且说"我被吃掉了"，等待1秒钟后，删除克隆体。请注意，在前面介绍的"植物"角色的代码中，当接收到"生成太阳花"消息时，会创建"太阳花"角色的克隆体。

10. 豌豆射手角色

造型

豌豆射手只有1个造型。

声音

本地上传表示植物被僵尸吃掉时的音效。

脚本

第1步

当作为克隆体启动时，在指定位置放置角色。当碰到僵尸，豌豆射手会被吃掉。

```
当作为克隆体启动时
将 植物的X坐标 加入 豌豆射手x坐标▼
将 植物的Y坐标 + 15 加入 豌豆射手y坐标▼
将 等待豌豆生成▼ 设为 等待豌豆生成 / 3
移到 x: 植物的X坐标 y: 植物的Y坐标
显示
重复执行
    如果 碰到 僵尸▼ ? 或 碰到 僵尸2▼ ? 那么
        播放声音 吃植物.mp3▼
        说 我被吃掉了
        等待 1 秒
        删除此克隆体
```

当"豌豆射手"角色作为克隆体启动时，会将变量"植物的 X 坐标"存储到列表"豌豆射手 x 坐标"中。将变量"植物的 Y 坐标"加上 15 以后，存储到列表"豌豆射手 y 坐标"中。这里加 15 是为了让"豌豆子弹"能够像是从"豌豆射手"的口中吐出来。将变量"等待豌豆生成"除以 3，表示每种下一株"豌豆射手"，豌豆生成的间隔时间就会缩短为原来的三分之一。将角色移动到 x 坐标为"植物的 X 坐标"和 y 坐标为"植物的 Y 坐标"的位置。显示角色。以下代码会重复执行。如果碰到"僵尸"和"僵尸 2"，会播放音效并说"我被吃掉了"，等待 1 秒后，删除克隆体。请注意，我们在前面介绍的"植物"角色代码，在接收到"生成豌豆射手"消息时，会创建"豌豆射手"角色的克隆体。

第2步

当点击绿色旗帜时，将角色大小设定为原始大小的百分之八十。

11. 坚果角色

造型

坚果只有 1 个造型。

声音

本地上传表示坚果被僵尸吃掉时的音效。

脚本

第1步

当作为克隆体启动时，在指定位置放置角色。当碰到僵尸，坚果会等待 15 秒后才被吃掉，起到阻挡僵尸放缓其脚步的作用。

当"坚果"角色作为克隆体启动时，将角色移动到 x 坐标为"植物的 X 坐标"和 y 坐标为"植物的 Y 坐标"的位置。显示角色。以下代码会重复执行。如果碰到角色"僵尸"或者"僵尸2"，会播放"吃坚果"的音效并说"我挡"，等待15秒后，说"我被吃掉了"，删除克隆体。请注意，我们在前面介绍的"植物"角色的代码中，当接收到"生成坚果"消息时，会创建"坚果"角色的克隆体。

第2步

当点击绿色旗帜时，将角色大小设定为原始大小的百分之八十。

12. 火爆辣椒的火焰角色

造型

火爆辣椒的火焰只有1个造型。

脚本

这个积木有两段脚本。

当接收到消息"生成火龙"，显示角色，设定y坐标，等待0.3秒钟后，隐藏角色。请注意，我们在前面介绍的"植物"角色代码中，当接收到"生成火爆辣椒"消息时，会广播消息"生成火龙"。

第2步

当点击绿色旗帜开始游戏时，隐藏角色。

13. 阳光角色

造型

阳光只有1个造型。

脚本

第1步

当接收到"游戏启动"消息时，在放置卡牌的最左边的位置，显示角色。加盖图章，表示阳光值。隐藏角色。

第2步

当接收到"游戏启动"消息时，不断地生成

"阳光"，玩家通过收集"阳光"，增加"阳光值"。

```
当接收到 游戏启动 ▼
将 虚像 ▼ 特效设定为 20
将 等待阳光生成 ▼ 设为 8
将 阳光数 ▼ 设为 1
重复执行
    等待 等待阳光生成 ▼ 秒
    移到最 前面 ▼
    如果 太阳花x坐标 ▼ 的项目数 = 0 那么
        移到 x: -46 y: 89
        显示
        播放声音 生成阳光.mp3 ▼
        等待 碰到 鼠标指针 ▼ ? 与 按下鼠标?
        隐藏
        将 阳光值 ▼ 增加 25
    否则
        移到 x: 太阳花x坐标 ▼ 的第 阳光数 项 y: 太阳花y坐标 ▼ 的第 阳光数 项
        显示
        播放声音 生成阳光.mp3 ▼
        等待 碰到 鼠标指针 ▼ ? 与 按下鼠标?
        隐藏
        将 阳光值 ▼ 增加 25
    将 阳光数 ▼ 增加 在 1 和 2 之间取随机数
    如果 阳光数 > 太阳花x坐标 ▼ 的项目数 那么
        将 阳光数 ▼ 设为 1
```

将角色的虚像设定为20。将变量"等待阳光生成"设定为8，将变量"阳光数"设置为1。以下内容将重复执行。首先要等待，等待的具体时间会根据变量"等待阳光生成"的值来决定。将角色移至最前面。如果列表"太阳花x坐标"的项目数等于0，表示还没有种下太阳花；那么移动到特定位置；显示"阳光"角色；播放音效；当碰到鼠标并且鼠标是按下状态，隐藏角色，并将变量"阳光值"增加25，表示玩家收集了"阳光"。如果列表"太阳花x坐标"的项目数不等于0，表示已种植了太阳花；那么会根据变量"阳光数"移动到相应的坐标；显示"阳光"角色；当碰到鼠标并且鼠标是按下状态，隐藏角色，并将变量"阳光值"增加25，表示玩家收集了"阳光"。上述条件判断结束后，会为变量"阳光数"增加随机值1或2，便于为下一株太阳花生成阳光。如果变量"阳光数"大于列表"太阳花x坐标"的项目数，那么将变量"阳光数"重新设置为1。请注意，我们在前面介绍的"太阳花"角色中提到，随着克隆体的增加，变量"等待阳光生成"的值会减小。豌豆子弹角色

造型

豌豆子弹只有1个造型。

声音

上传表示豌豆子弹发射的本地音效。

脚本

第1步

当接收到消息"游戏启动"时，不断地生成豌豆子弹，去攻击僵尸。

　　将变量"等待豌豆生成"设定为0.5，将变量"豌豆数"设置为1，隐藏角色。以下内容将重复执行。如果列表"豌豆射手x坐标"的项目数等于0，表示还没有种植"豌豆射手"：那么等待0.1秒。如果列表"豌豆射手x坐标"的项目数不等于0，表示已种植"豌豆射手"：那么会根据变量"豌豆数"移动到相应的坐标；显示"豌豆子弹"角色；播放音效；当碰到边缘前，x坐标每0.1秒向前移动10。判断结束后，会为变量"豌豆数"增加1，便于下一株豌豆射手生成子弹。如果变量"豌豆数"大于列表"豌豆射手x坐标"的项目数，那么将变量"豌豆数"重新设置为1。请注意，我们在前面介绍的"豌豆射手"

角色中提到，随着克隆体的增加，变量"等待豌豆生成"的值会减少。

14. 僵尸角色

这里创建了一个角色变量"第几行"，它表示"僵尸"会在第几行出现。

造型

僵尸只有1个造型。

脚本

这个角色中，我们自定义了一个积木，让僵尸随机地在设置的某一行出现。

第1步

随机分配相应的y坐标，因为有5行，所以随机数是1到5。

第2步

当接收到消息"游戏启动"时，隐藏角色。等待1秒后，克隆自己。然后重复执行以下代码。在15到30秒之间，随机获取一个时间，来克隆自己。

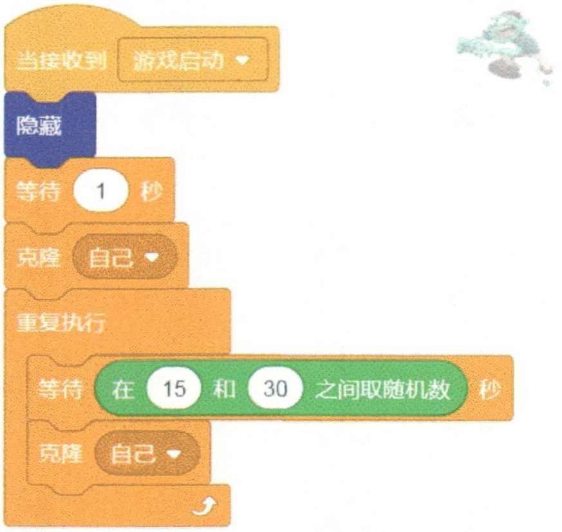

第3步

当作为克隆体启动时，控制"僵尸"角色的移动。当满足特定条件时，攻入房间或删除本克隆体。

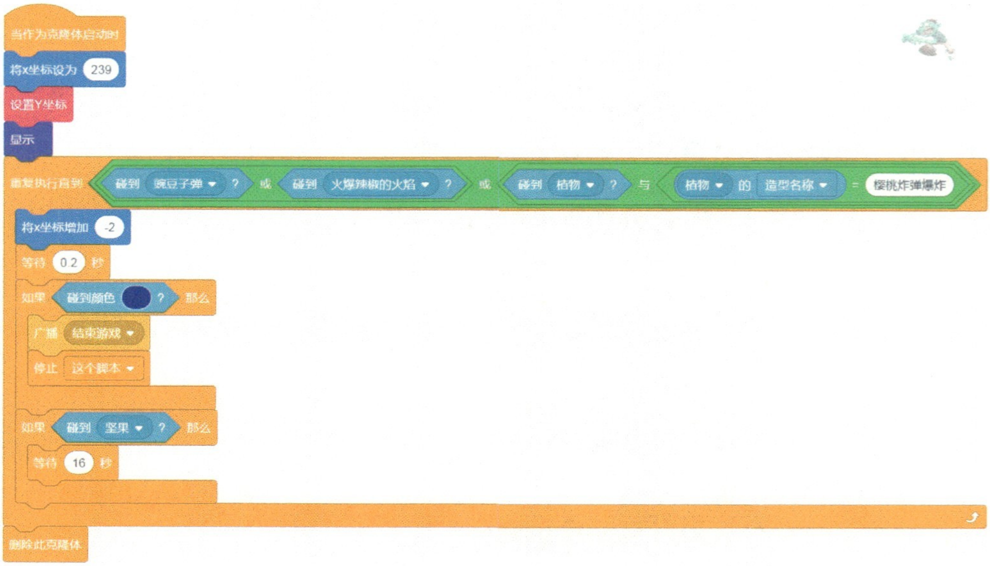

将x坐标设定为239，表示在草坪的最右边。使用自定义积木"设置Y坐标"来指定角色的y坐标。显示角色。如果"僵尸"角色碰到"豌豆子弹"角色，或者碰到"火爆辣椒的火焰"角色，又或碰到"植物"角色并且其造型名称是"樱桃炸弹爆炸"，那么删除克隆体，表示这个僵尸角色被消灭了。否则，重复执行以下内容：将角色的x坐标减2，表示角色在向左移动；等待0.2秒；如果碰到"坚果"角色，等待15秒；如果碰到"蓝色"，广播消息"结束游戏"，并且停止脚本。因为我们用一条蓝色的线段来表示房子，所以当僵尸碰到蓝色，也就代表僵尸攻入了我们的房子，游戏就结束了。

第4步

当点击绿色旗帜时，将角色大小设定为原始大小的百分之八十。

15. 僵尸2角色

造型

僵尸2角色只有1个造型。

这个角色的脚本和"僵尸1"完全一样，这里就不再赘述。

16. 房子角色

造型

房子角色只有1个造型，就是一条蓝色线段，我们用它表示房子。

它没有脚本。

17. 获胜角色

造型

获胜角色只有1个造型。

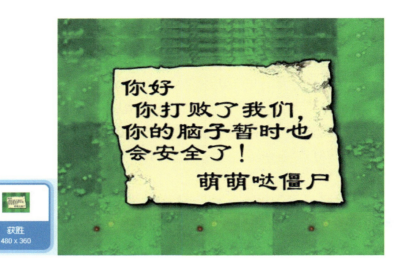

脚本

这个积木有两段代码。

第1步

当点击绿色旗帜时，隐藏角色。

第2步

当接收到消息"获胜"时，将角色移至最前面显示。

18. 失败角色

造型

失败角色只有1个造型。

声音

本地上传了表示游戏失败的音乐。

脚本

这个角色有两段代码。

第1步

当点击绿色旗帜时，隐藏角色。

第2步 ·

当接收到消息"结束游戏"，将角色移至最前面显示，停播背景音乐，播放"失败"音乐，停止全部脚本。

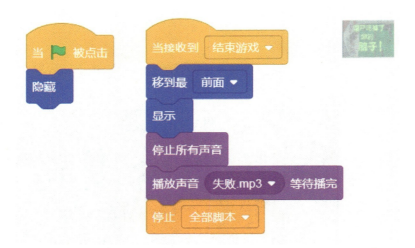

这样，我们的"植物大战僵尸"游戏就编写完成了。快自己动手玩一玩吧！

受本书篇幅所限，这个游戏的很多功能我们并没有实现，作为练习，留给大家自己思考并完成吧！

1. 能否每隔一段时间，会有一大拨僵尸出现。

2. 让阳光或豌豆的生成更为有序。

3. 让阳光的收集不会影响到后续阳光的生成。

附　录

Scratch共有10个大类的积木可供我们使用（扩展积木算一大类）。本附录将10大类、100多个积木列出，方便读者在需要的时候参考查阅。

1. 运动积木

运动积木是控制角色位置、方向、旋转和移动的积木。表1列出了属于这一分类的所有积木。

表1 运动积木

序号	积木	说明
1	移动 10 步	让角色移动一段距离。这个角色将会从当前位置开始移动。你想要移动多长距离，就在方框中输入相应数值。如果输入的是负值（例如-10），那么角色就会向相反的方向移动
2	右转 15 度	让角色向右旋转，在方框中输入你想要角色旋转的角度度数，如果输入负值，角色会向相反的方向运动
3	左转 15 度	让角色向左旋转，在方框中输入你想要角色旋转的角度度数，如果输入负值，角色会向相反的方向运动
4	移到 随机位置	将角色移动到随机位置或者鼠标位置。从下拉菜单中选择，然后点击积木，当前角色会跳到鼠标或者你选择的角色的x和y位置
5	移到 x: 0 y: 0	指定角色要显示的坐标位置，可以分别在x和y上输入数值，让角色显示在对应的坐标位置上。
6	在 1 秒内滑行到 随机位置	让角色在指定时间内滑动到随机位置或者鼠标指针的位置。通过下拉菜单，可以选择随机位置或是鼠标指针。改变滑动秒数，可以调整角色在舞台上的滑动速度
7	在 1 秒内滑行到 x: 0 y: 0	让角色在指定时间内滑动到指定的x坐标和y坐标位置。角色从一点开始，滑向另外一点。改变滑动秒数，可以调整角色在舞台上的滑动速度
8	面向 90 方向	设置当前角色面朝的方向。点击数字，会出现一个圆形手柄，可任意调整角度来表示方向。通过角色列表区的 方向 90 ，可以查看角色当前的方向
9	面向 鼠标指针	让角色始终面朝鼠标或其他角色。这个积木可以改变当前角色的方向，可以从下拉菜单中选择，下拉菜单包含了项目中其他的角色

序号	积木	说明
10	将x坐标增加 10	改变角色位置的x坐标值,如果是正值,则会让角色向右移动,如果是负值,则会让角色向左移动
11	将x坐标设为 0	设置角色的x坐标值
12	将y坐标增加 10	改变角色位置的y坐标值,若是正值,则会让角色向上移动,若是负值,则会让角色向下移动
13	将y坐标设为 0	设置角色的y坐标值
14	碰到边缘就反弹	如果碰到舞台边缘就返回。角色在碰到舞台的上部、下部、两侧而反弹时,可以设置反弹运动的旋转方式
15	将旋转方式设为 左右翻转 ▼	用来设置角色反弹时,角色造型的旋转方式。从下拉菜单中选择"左右翻转",限制角色只能在水平方向上旋转。从下拉菜单中选择"任意旋转",让角色在垂直方向上翻转。如果选择"不可旋转",角色反弹时也始终维持一个朝向
16	x坐标	显示角色的x坐标。要在舞台上显示角色的x坐标,点击(积木旁边的)勾选框
17	y坐标	显示角色的y坐标,要在舞台上显示角色的x坐标,点击(积木旁边的)勾选框
18	方向	报告角色当前的方向。方向指出角色的朝向。要在舞台上显示角色的方向,点击(积木旁边的)勾选框

2. 外观积木

外观积木是影响角色和背景的外观,并且能够显示文本的积木。表2列出了属于这一分类的所有积木。

表2　外观积木

序号	积木	说明
1	说 你好! 2 秒	让角色说些话，内容会以对话泡泡的方式呈现，在指定时间后隐藏。你可以输入任何想要说的内容。对话泡泡会根据内容的字数自动调整框的大小。如果内容越多，请设置较长的显示时间
2	说 你好!	让角色说些话，内容会以对话泡泡的方式呈现。你可以输入任何文字。这些文字将会显示在对话泡泡中。要清除对话泡泡，可以点击空白的"说"积木
3	思考 嗯…… 2 秒	用想象泡泡的图形来显示一些文字，表达心中所想，在指定时限后自动消除。注意时间设置和内容字数要配合，太长的内容需要花比较多的时间来阅读
4	思考 嗯……	用想象泡泡的图形来显示一些文字，表达心中所想。你可以输入任何文字。这些文字将会显示在对话泡泡中。要清除对话泡泡，请使用空白的"思考"积木
5	换成 造型1 ▼ 造型	用来改变角色的造型
6	下一个造型	切换到角色造型列表中下一个造型。当 下一个造型 到达列表的底端，它会回到顶端
7	换成 背景1 ▼ 背景	用来改变舞台的背景。从下拉菜单中选择背景的名字
8	下一个背景 （舞台专用）	将舞台背景替换成下一个。当 下一个背景 到达列表的底端，它会回到顶端
9	将大小增加 10	用来改变角色的显示尺寸
10	将大小设为 100	将一个角色的大小设置为其最初大小的一个百分比。注意：角色的显示尺寸是有限制的，你可以尝试看看它的上限和下限值

序号	积木	说明
11	将 颜色 ▼ 特效增加 25	为角色加上一些图形特效，并增加指定的强度值
12	将 颜色 ▼ 特效设定为 0	将角色的某种图形特效，设置为指定的强度值
13	清除图形特效	用来清除角色上所有添加的图形效果
14	显示	让角色显示在舞台上
15	隐藏	让角色在舞台上消失。注意，当角色隐藏时，其他的角色将无法通过"碰到"积木侦测到它
16	移到最 前面 ▼	将指定角色的图层显示在其他图层之前或者之后。可以通过下拉菜单选择"前面"或"后面"
17	前移 ▼ 1 层	用来将指定角色的图层向前或向后移动1层或多层。通过第一个下拉菜单，可以选择"前移"或"后移"。在第二个框中，可以填入数字表示移动的层数。如果把角色向后移动若干层，就可以把它藏在其他角色的后面
18	造型 编号 ▼	获取角色当前造型的编号，点击（积木旁边的）勾选框可在舞台上显示对应的监视器
19	背景 编号 ▼	获取舞台当前的背景名称，点击（积木旁边的）勾选框可在舞台上显示对应的监视器
20	大小	获取角色大小相对于其最初大小的一个百分比，点击（积木旁边的）勾选框可在舞台上显示对应的监视器

3. 声音积木

声音积木是控制音符和音频文件的播放和音量的积木。表3列出了这个分类的所有积木。

表3　声音积木

序号	积木	说明
1	播放声音 喵 ▼ 等待播完	播放一个特定的声音并等待声音播放完毕
2	播放声音 喵 ▼	播放一个特定的声音。从下拉菜单中选择声音。该积木会开始播放声音，并立刻执行下一个积木
3	停止所有声音	停止播放所有的声音
4	将 音调 ▼ 音效增加 10	将播放声音的音调或左右平衡增加指定的数值
5	将 音调 ▼ 音效设为 100	将播放声音的音调或左右平衡设置为指定的数值
6	清除音效	清除所有音效
7	将音量增加 -10	用来改变角色声音的音量。你可以为不同的角色分别设定音量；要在同一时间内以不同音量播放两个不同的声音，需要使用两个角色
8	将音量设为 100 %	用来设置角色的音量的一个百分比
9	音量	获取角色的音量，点击（积木旁边的）勾选框可在舞台上显示对应的监视器

4. 事件积木

事件积木是触发脚本执行的积木。表4列出了这个分类的所有积木。

表4　事件积木

序号	积木	说明
1	当 🚩 被点击	当绿旗被点击时开始执行其下的程序
2	当按下 空格 ▼ 键	当指定键盘按键被按下时开始执行其下的程序。通过下拉菜单，可以选择指定其他的按键。只要侦测到指定的按键被按下，程序就会开始执行
3	当角色被点击	当角色被点击时开始执行程序
4	当背景换成 背景1 ▼	当切换到指定背景时开始执行程序
5	当 响度 ▼ > 10	当所选的属性（响度或计时器）的属性值大于指定的数字时，开始执行程序。你可以从下拉菜单中选择其他属性
6	当接收到 消息1 ▼	当角色接收到指定的广播消息时开始执行下面的程序
7	广播 消息1 ▼	给所有角色及背景发送消息，用来告诉它们现在该做某事了
8	广播 消息1 ▼ 并等待	给所有角色和背景发送消息，告诉它们现在该做某事了，并一直等到事情做完。点击选择要发送的消息。选择"新消息"来键入新的消息

5. 控制积木

控制积木是使用循环重复地执行编程逻辑或执行条件逻辑的积木。表5列出了这个分类中的所有积木。

表5　控制积木

序号	积木	说明
1	等待 1 秒	等待指定的若干秒，然后再执行下面的积木
2	重复执行 10 次	重复运行其中的积木若干次
3	重复执行	一遍接一遍地执行装在里面的积木
4	如果 那么	如果条件成立，就运行装在其中的积木
5	如果 那么 否则	如果条件成立，就运行装进"如果"部分的积木；否则，就运行装进"否则"部分的积木

序号	积木	说明
6	等待	等待条件成立时，再执行下面的积木。如果你想让这个积木不断地检查条件，请把整堆积木放到 重复执行直到 积木里
7	重复执行直到	重复执行其中的积木，直到条件成立。检查条件，如果不成立，就执行其中的积木，然后再次检查。如果条件成立，则继续执行后面的积木
8	停止 全部脚本 ▼	可以从积木的下拉菜单选择停止"全部脚本""这个脚本"或"该角色的其他脚本"。其中，停止"全部脚本"相当于使用预览区上的红色停止按钮
9	当作为克隆体启动时	当克隆产生后，告诉它要做的工作。克隆产生之后，会响应所有的该积木
10	克隆 自己 ▼	创建一个指定角色的克隆（临时复制品），从下拉菜单中选择要克隆的角色。注意（1）克隆最初出现在和角色相同的位置。如果看不到克隆，移动它一下，避免原有角色盖住它；（2）确保在本积木的下拉菜单中选择你想要克隆的角色；（3）克隆仅在项目运行期间存续
11	删除此克隆体	删除当前克隆。把这个积木放在克隆要执行的脚本之后，程序停止时会自动删除所有克隆

6. 侦测积木

　　侦测积木用于确定鼠标的位置及其与其他角色的距离，并且判断一个角色是否触碰到其他角色的积木。表6概括了这个分类中的所有积木。

表6 侦测积木

序号	积木	说明
1	碰到 鼠标指针 ▼ ?	根据角色是否正在触碰指定的鼠标指针或舞台边缘，来获取一个为真或假的布尔值
2	碰到颜色 ● ?	根据角色是否接触到一个指定的颜色，来获取一个为真或假的布尔值。点击一下颜色方块后会开启拣色功能，你可以移动鼠标到舞台上任意位置取色
3	颜色 ● 碰到 ● ?	根据角色中第一个指定的颜色是否接触到背景或另一个角色上的第二个指定的颜色，来获取一个为真或假的布尔值。其中第一个指定的颜色是角色本身拥有的颜色，第二个指定的颜色则是其他角色上的某个色块。点击一下颜色方块后会开启拣色功能，你可以移动鼠标到舞台上任意位置取色
4	到 鼠标指针 ▼ 的距离	获取该角色与鼠标或指定角色之间的距离
5	询问 What's your name? 并等待	在屏幕上显示一个问题，并把键盘输入的内容存放到 回答 积木中，问题以对话泡泡的方式出现在屏幕上。程序会等待用户键入答复，直到按下回车键或点击了对勾
6	回答	获取最近一次使用 询问 What's your name? 并等待 积木获得的键盘输入内容。 询问 What's your name? 并等待 提出一个问题并把键盘的输入内容存放到 回答 中。所有角色都可以使用这个答案。要保存这个答案，可以把它存放到变量或者列表中。要查看答案的内容，可以点击 回答 积木旁边的勾选框

序号	积木	说明
7	按下 空格 ▼ 键？ 当按下 空格 ▼ 键	根据是否按下一个指定的键，来获取一个为真或假的布尔值。通过下拉菜单，可以选择指定各种按键。希望按键（如空格）保持按下时，请使用这个积木， 而不要使用
8	按下鼠标？	根据是否按下一个鼠标按钮，获取一个为真或假的布尔值。如果鼠标点击屏幕上的任何地方，获得真值
9	鼠标的x坐标	获取鼠标指针在X轴上的坐标位置
10	鼠标的y坐标	获取鼠标指针在Y轴上的坐标位置
11	将拖动模式设为 可拖动 ▼	设置角色的拖动模式，通过下拉菜单选择"可拖动"或"不可拖动"
12	响度	获取从1到100之间的一个数值，表示计算机麦克风的音量。要观察"响度"的内容，请点击"响度"积木旁边的勾选框。注意：要使用这个积木，计算机需要配备麦克风
13	计时器	获取表示计时器已经运行的秒数。要观察计时器的值，请点击积木旁边的勾选框。计时器会持续运行
14	计时器归零	用来将计时器重置（重新归零）
15	舞台 ▼ 的 x坐标 ▼	用于获取舞台或角色的属性信息。通过第一个下拉菜单选择舞台或角色，通过第二个下拉菜单选择所要获取的属性
16	当前时间的 年 ▼	获取当前的年份、月份、日期、星期几、小时、分钟和秒。你可以从菜单中选择你想要那一项。要查看当前时间，请点击当前时间旁边的勾选框

续表

序号	积木	说明
17	2000年至今的天数	获取从2000年以来的天数
18	用户名	获取浏览者的用户名。这个积木会显示当前观看项目的用户名。要保存当前的用户名，你可以把它存放到变量或列表中

7. 运算积木

运算积木执行逻辑比较、舍入以及其他数学计算的积木。表7列出了这个分类中的所有积木。

表7　运算积木

序号	积木	说明
1	( ) + ( )	将两个数字相加得到一个结果
2	( ) - ( )	用第一个数字减去第二个数字得到一个结果
3	( ) * ( )	将两个数字相乘得到一个结果
4	( ) / ( )	用第一个数字除以第二个数字得到一个结果
5	在 1 和 10 之间取随机数	从指定的范围内任意挑选其中一个数值
6	( ) > 50	根据一个数字是否大于另一个数字，返回一个为真或假的布尔值
7	( ) < 50	根据一个数字是否小于另一个数字，返回一个为真或假的布尔值

续表

序号	积木	说明
8	⬡ = 50	根据一个数字是否等于另一个数字，返回一个为真或假的布尔值
9	与	根据两个单独的条件是否都为真，返回一个为真或假的布尔值
10	或	根据两个单独的条件是否都为假，返回一个为真或假的布尔值
11	不成立	将布尔值取反，由真变为假或由假变为真
12	连接 apple 和 banana	连接两个字符串，将一个字符串紧接着另一个字符串放置
13	apple 的第 1 个字符	获取字符串中指定位置的一个字符
14	apple 的字符数	返回一个数字，表示字符串的长度
15	apple 包含 a ?	获取字符串中指定位置的一个字符
16	除以 的余数	获取第一个数字除以第二个数字后的余数部分
17	四舍五入	获取最接近该数值的整数。该积木把小数四舍五入成整数
18	绝对值 ▾	返回指定的数字应用所选择的函数的结果。通过下拉菜单，可以选择所使用的函数

8. 变量积木

当应用程序执行的时候，变量积木用于存储或操作数据。表8中的前两项分别是用来建立变量和建立列表的积木。为了方便说明，我们分别创建了叫作"我的变量"的变量和叫作"我的列表"的列表。表8的第3项到第7项列出了Scratch 3.0提供的用于操作变量的所有积木，此后的12项列出了Scratch 3.0提供的用于操作列表的所有积木。

表8　变量积木

序号	积木	说明
1	建立一个变量	点击以建立一个新变量。创建一个变量后，就会出现本表中的第3项到第7项列出的5个积木。当你建立变量时，你可以选择变量的适用对象
2	建立一个列表	点击创建并命名一个新列表。当你最初创建一个列表时，会出现这个列表的积木。你可以选择列表是供所有角色使用（全局），还是仅供一个角色使用（局部）。你可以设置列表对所有角色有效，或者只是对当前选中的角色有效。创建一个列表后，会出现本表第8项到第19项的12个积木
3	我的变量	获取变量的内容。要观察变量的内容，点击积木旁边的勾选框。右击读数改变显示方式。鼠标右键点击一个变量，可以删除变量或给它重命名
4	将 我的变量 ▾ 设为 0	用来将变量设置为指定的值
5	将 我的变量 ▾ 增加 1	用来改变当前变量的值，如果有超过一个以上的变量，可以使用下拉菜单选择其中一个
6	显示变量 我的变量 ▾	在舞台上显示变量监视器
7	隐藏变量 我的变量 ▾	隐藏舞台上的变量监视器。隐藏变量监视器后，它就不会出现在舞台上了

序号	积木	说明
8	我的列表	获取列表中的所有项目。点击（积木旁边的）勾选框，可在舞台上显示对应的监视器
9	将 东西 加入 我的列表 ▼	将指定项目添加到列表末尾，该项目可以是一个数字或一串字母或其他字符。用这个积木在列表最后增加一项
10	删除 我的列表 ▼ 的第 1 项	从一个列表中删除某一项、修改列表名或者删除该列表。如果有多个列表，可以从下拉菜单选择要对哪个列表进行操作，或者选择对当前列表进行何种操作。从下拉菜单中选择了列表名，就可以直接在后面输入要删除的项目的序号。若选择"修改列表名"，可以将当前列表重命名。若选择"删除X列表"，则可以完全删除该列表❶
11	删除 我的列表 ▼ 的全部项目	删除一个列表的所有项目
12	在 我的列表 ▼ 的第 1 项插入 1	在列表的指定位置添加一个项目。在第一个空格中直接输入序号，表示要操作的项目的位置；在第二个空格中输入要作为列表项目插入的内容
13	将 我的列表 ▼ 的第 1 项替换为 1	取代列表中的某个项目，在第一个空格中直接输入序号，表示要操作的项目的位置；在第二个空格中输入要作为列表项目替代的内容
14	我的列表 ▼ 的第 1 项	获取列表中指定的项目，输入该项目的序号，指定要获取第几项
15	我的列表 ▼ 中第一个 东西 的编号	获取列表中第一个内容为"东西"的项的序号

❶ 在变量的各个积木中，如果有多个变量，可以从变量名称下拉菜单选取其他变量，还可以选择重命名当前变量或删除当前变量。在列表的各个积木中，可以从列表名称下拉菜单选取其他列表，还可以选择重命名当前列表或删除当前列表。

续表

序号	积木	说明
16	我的列表 ▼ 的项目数	获取列表中有多少个项目。该积木显示的数字和列表监视器底部显示的长度相同
17	我的列表 ▼ 包含 东西 ？	获取列表中是否存在指定项目，项目必须精确匹配才报告条件成立。如果条件成立则获取为真，否则获取为假
18	显示列表 我的列表 ▼	在舞台上显示列表监视器
19	隐藏列表 我的列表 ▼	隐藏舞台上的列表监视器

9. 自制积木

这个分类中，可以创建自制积木，参见表9。

表9　自制积木

积木	说明
制作新的积木	点击可以创作一个自制积木。点击该积木块，会打开一个"制作新的积木"对话框，可以输入新建的自制积木的名称，创建一个自制积木。一个自制积木会出现在脚本中。我们使用定义来告诉自制积木要做些什么

10. 扩展积木

点击界面左下角的"添加扩展"图标 ，将会打开"选择一个扩展"窗口，从中可以选择要添加的"音乐""画笔""视频侦测""文字朗读""翻译""micro:bit""LEGO MINDSTORMS EV3""LEGO WEDo 2.0"等扩展积木。其中micro:bit""LEGO MINDSTORMS EV3""LEGO WEDo 2.0"都是扩展到相关的硬件时候所使用的积木。需要连接到相应设备才能使用，本附录不再一一介绍。

音乐积木

在Scratch 2.0中，音乐积木是和声音积木放在一起的。考虑到初学者比较难以掌握音乐积木，在Scratch 3.0中，这种类型的积木被拿了出来，放到扩展积木之中，用户可以根据自己的需要添加并使用。表10列出了各种音乐积木及其功能说明。

表10　音乐积木

序号	积木	说明
1	击鼓 (1) 小军鼓 ▼ 0.25 拍	操作一个可以打节拍的乐器，并打出指定节拍。从下拉菜单中可以选择要演奏的乐器，从后面的框中可以指定操作该乐器的拍数
2	休止 0.25 拍	休止（停止播放任何声音）指定拍数
3	演奏音符 60 0.25 拍	播放从下拉菜单中选择的一个音符或键入的一个0到130的数字，数字越大音调越高，播放的时间要达到指定的秒数
4	将乐器设为 (1) 钢琴 ▼	设置角色执行 演奏音符 60 0.25 拍 积木所使用的乐器类型，点击下拉菜单从中选择乐器
5	将演奏速度设定为 60	用来设置角色的演奏速度（tempo）
6	将演奏速度增加 20	用来改变角色的演奏速度。演奏速度，英文叫作Tempo，它的单位是bpm（beats per minute，每分钟拍数），演奏速度值越大，表示演奏节拍和音符时会越快
7	演奏速度	获取角色的演奏速度（每分钟拍数），点击（积木旁边的）勾选框可在舞台上显示对应的监视器

画笔积木

画笔积木是可以使用不同的颜色和画笔大小进行绘制的积木。在 Scratch 2.0中，画笔积木是单独的一大类积木。考虑到初学者比较难以掌握画笔积木，在 Scratch 3.0中，这种类型的积木放到了扩展积木之中，用户可以根据自己的需要添加并使用。表11列出了属于这个分类的所有积木。

表11 画笔积木

序号	积木	说明
1	全部擦除	用来清除目前舞台画面上所有的笔迹
2	图章	把角色当成图章，然后在舞台背景上盖章
3	落笔	把角色当作画笔，角色移动时会在背景上留下笔迹
4	抬笔	抬起角色的画笔，角色移动时不会再留下笔迹
5	将笔的颜色设为 ●	根据颜色选择器的选择，设置画笔的颜色
6	将笔的 颜色 ▼ 增加 10	用来改变画笔笔迹的显示色彩
7	将笔的 颜色 ▼ 设为 50	设置画笔笔迹的色彩
8	将笔的粗细增加 1	用来改变画笔的粗细
9	将笔的粗细设为 1	设置画笔笔迹的粗细

视频侦测积木

在 Scratch 2.0 中，视频侦测积木是和侦测积木放在一起的。考虑到初学者比较难以掌握视频侦测积木，在 Scratch 3.0 中，这种类型的积木被单独拿了出来，放到扩展积木之中，用户可以根据自己的需要添加并使用。表 12 列出了各种视频侦测积木及其功能说明。

表 12　视频侦测积木

序号	积木	说明
1	当视频运动 > 10	当视频运动大于某一个数值的时候，执行下面的程序
2	相对于 角色 ▼ 的视频 运动 ▼	侦测摄像头所提供视频相对于角色或舞台的运动幅度或运动方向
3	开启 ▼ 摄像头	开启或关闭摄像头
4	将视频透明度设为 50	设置视频的透明度，数值愈大，影像愈透明；反之，数值愈小则影像愈不透明。因为背景是白色，所以愈透明也意味着白色愈明显，也就是愈亮；愈不透明则看起来愈暗

文本朗读积木和翻译积木

这两种类型的积木是 Scratch 3.0 中新增加的，放到了扩展积木中，用户可以根据自己的需要添加并使用。文本朗读积木的作用是以语音的方式把文本朗读出来。翻译积木的作用是把文字翻译成多种语言。表 13 列出了文本朗读积木和翻译积木及其功能说明。

表13 文本朗读积木和翻译积木

文本朗读积木		
序号	积木	说明
1	朗读 hello	用语音方式朗读出文本
2	使用 中音 ▼ 嗓音	设置朗读时候所使用的嗓音
3	将朗读语言设置为 English ▼	设置朗读时候所使用的口音
翻译积木		
序号	积木	说明
1	将 你好 译为 克罗地亚语 ▼	将文本翻译为对应的语言文字
2	访客语言	显示访客所使用的语言，也是翻译的目标语言。如果要在舞台上显示该监视器，选中积木左边的勾选框